植物抗病虫育种

〔荷〕R. E. Niks
〔荷〕J. E. Parlevliet　著
〔荷〕P. Lindhout
　　　Y. Bai

张红生　鲍永美 等 译

科学出版社
北　京

图字：01-2012-4213 号

内 容 简 介

　　本书系统地介绍了植物抗病虫育种的基本概念、原理、研究成果和最新进展，并辅以研究实例和试题，帮助读者更好地理解。全书包括导论、坐镇以待的有害生物、对病原生物和寄生物的天然防御、植物-病原生物互作的基本概念、抗性机制的多样性、不同类型的有害生物、如何选育抗病虫新品种共七章。本书既考虑了当前的教学需要，又注重联系实际育种中遇到的问题。

　　本书可作为高等农林院校植物科学领域遗传育种及植物保护专业本科生和研究生的教材，也可供植物育种公司或育种研究所从事植物抗病虫育种的专业人员学习参考。

ⓒWageningen Academic Publishers, the Netherlangds, 2011
"Breeding crops with resistance to diseases and pests" (authors：R. E. Niks, J. E. Parlevliet, P. Lindhout and Y. Bai) translation copyright by Science Press Ltd.
ISBN：978-90-8686-171-2
All Rights Reserved.
Published by arrangement with the original publisher，Wageningen Academic Publishers.

图书在版编目（CIP）数据

植物抗病虫育种/（荷）尼科斯（Niks，R. E.）等著；张红生，鲍永美等译 . —北京：科学出版社，2012

　　ISBN 978-7-03-035578-2

　　Ⅰ.①植… 　Ⅱ.①尼…②张…③鲍… 　Ⅲ.①抗病育种②抗虫育种 　Ⅳ.①S332

中国版本图书馆 CIP 数据核字（2012）第 220940 号

责任编辑：张　鑫　曾佳佳　曹迎春/责任校对：宋玲玲
责任印制：徐晓晨 /封面设计：许　瑞

科学出版社出版
北京东黄城根北街 16 号
邮政编码：100717
http://www.sciencep.com

北京厚诚则铭印刷科技有限公司 印刷
科学出版社发行　各地新华书店经销

*

2012 年 9 月第 一 版　　开本：B5（720×1000）
2017 年 1 月第二次印刷　　印张：11 1/2
字数：210 000

定价：49.00 元
（如有印装质量问题，我社负责调换）

译 者 序

翻译本书的过程其实更是系统学习的过程。植物抗病虫性作为现代农业优良品种培育的重要目标越来越受到重视，抗病虫育种与产量育种、品质育种相比有着明显的特点，它不仅与植物本身的遗传特性有关，而且与有害生物（病原菌或害虫）的遗传、植物与有害生物之间的互作以及植物和有害生物对环境的敏感性等有关。我们期望在多年教学和研究工作基础上，通过不断积累和总结，能为国内植物抗病虫育种研究的发展和提升贡献微薄之力。

本书译者于1993年开始给研究生讲授"植物抗病虫性遗传育种"课程，一直受到作物学、园艺学和植物保护学等相关专业研究生的欢迎，但国内一直没有合适的教材可用。2011年底，荷兰瓦赫宁根大学 Rients Niks 博士等编著的 *Breeding crops with resistance to diseases and pests* 一书由 Wageningen Academic 出版社出版。该书系统、全面地介绍了植物抗病虫育种的基本概念、研究成果和最新进展，很适合作为研究生课程的辅助教材使用。经与原书作者商议，将此书翻译成中文出版，得到了他们的大力支持。

本书共七章，第一至五章由张红生教授译，第六章由胡白石教授译，第七章由鲍永美博士译，附录部分由鲍永美和黄犀译。白玉玲博士（原书作者之一）对第一至六章译稿进行了修对，王秀娥教授对第七章译稿进行了修对，最后，张红生教授对全书译稿进行了修对。

本书的翻译和出版得到了南京农业大学研究生院和农学院的大力支持，也得到了江苏省优势学科建设项目（作物学）的经费资助，在此一并表示感谢！

由于译者水平有限，时间仓促，难免疏漏，欢迎读者批评指正。

译 者

2012 年 7 月 6 日

原 书 前 言

Breeding crops with resistance to diseases and pests 一书的完成经历了很长时间。原稿始于 20 世纪 70 年代早期植物抗病虫育种课程任课教师 Jan Parlevliet 的教学笔记，20 世纪 80 年代后期 Rients Niks 接手该课程的教学任务，笔记被不断更新和扩充，在原有知识框架和引用范例的基础上，补充了相关插图和习题等资料，并将这些材料整理成教学资料继续使用。

20 世纪 90 年代在 Pim Lindhout 的建议下对材料进行了大规模的重新整理，增加了许多分子生物学方面的知识并扩充了词汇表。

付梓之前，本书被修改了多次。陈旧的范例或被剔除，或被较新的替代，更多插图和最新研究进展被加进来。Yuling Bai（白玉玲）对此书的编辑贡献尤多。

我们非常欢迎读者或使用本教材的教师对此书提出宝贵意见，请将意见发给本书编辑（info@WageningenAcademic.com）。

Rients Niks
2011 年 1 月于瓦赫宁根

目　　录

第一章 导 论

在作物生产实践中，很少能够获得理论上应该达到的产量。例如，在最适环境条件下，冬小麦的产量虽然可以达到 14 吨/公顷，但在荷兰的平均产量是 8～10 吨/公顷，其他地方的小麦产量常常更低。作物品质也是一样，很难实现其遗传潜力。

造成作物产量和品质损失的各种因素通常被称为**逆境因素（stress factors）**，作物育种家的任务就是要改良作物防御或适应这些逆境因素的能力。逆境因素可以分成生物逆境因素和非生物逆境因素两类。非生物逆境因素，如干旱、土壤贫瘠、温度过高和温度过低等，但作物耐非生物逆境育种不是本书讨论的范畴。

生物逆境因素，如杂草、病原生物和害虫等本身都是活体生物，有它们自己的生命起源。本书不考虑如何选择和改进作物与杂草竞争的能力，只阐述在作物上取食的生物，包括病原生物和害虫等。本书的重点是介绍作物抗病虫育种的可能性和存在的问题。

本书首先介绍有关生物逆境因素的各个范畴，然后介绍作物本身拥有的各种不同的防卫反应类型。本书的很大一部分是介绍作物抗病虫育种，即如何在遗传上提高作物防御病原菌和害虫的水平。本书遵循作物育种的程序，从决定是否要在一种作物中引进抗性开始，一直到该作物的抗性品种在农业生产上栽培应用。

本书不介绍作物遗传育种的一般性概念，如不同选择方法和如何开发分子标记等，读者可以参考其他育种学教科书获得这些概念。本书会介绍一些植物-病原生物相互作用的分子生物学知识，以帮助育种工作者更好地理解一些原理。本书适合于植物科学领域已经有一些植物学和作物遗传育种学知识的硕士研究生，以及在植物育种公司或研究所将要从事作物抗病虫育种的专业人员学习使用。

1.1 学 习 指 导

在书后的专业术语表中，对正文中黑体印刷的学术术语给予了解释，这些术语都反映了植物-病原生物互作的重要原理。当然，在某些学术术语的使用过程中，学术界会有很多不一致的情况，这里对某些学术术语的定义仅代表本书作者的观点，难免有同行会有异议，希望本书的读者能理解词汇表中对这些术语所作的定义。

　　书中有些部分用仿宋字体印刷，这些补充材料是对正文内容作进一步说明、提供解释的附加信息。在正文中，引用的科技文献大多数没有标出，在补充材料中，将图表和资料引自何处标了出来，以示感谢。

　　大多数章节或重要段落的最后，给出了练习题（以 Q 表示），这些习题可以帮助读者在学习过程中加深理解和自我测试相关知识，习题答案统一列在书后。

　　本书最后将全书专业术语和拉丁文进行整理列表，专业术语在正文部分第一次出现时进行加粗显示，拉丁文中文名对照在正文部分第一次出现时也将全称补全，再次出现将不再标注。

第二章　坐镇以待的有害生物

在浩大的自然生态系统中，绿色植物是食物链的基础，只有绿色植物可以将简单的无机物生产合成复杂的有机物，其他的生物都是直接或间接地依赖植物作为营养来源，所以绿色植物，包括作物，是各种生物的主要营养源。在农业生产系统中，以植物为食物的生物会影响作物的产量和品质，表 2.1 列出了以植物为食物或能危害植物的各种生物类型，从最简单的类病毒（侵染性RNA）到脊椎动物等高度**进化**（**evolution**）的复杂生物，本书将这些致病生物和害虫统称为**有害生物**（**natural enemy**）。

本章只是对这些有害生物进行简单的分组，第六章将详细讨论它们的分类。

有害生物的分组主要是依据它们的大小和取食方式。属于微生物的有害生物或者比微生物更小的生物，如病毒和类病毒等统称为**病原生物**（**pathogens**）。它们通常生活在植物体内，作为个体，只能用光学显微镜或电子显微镜来观察，它们的子实体（如锈菌的孢子器）或大一点的菌落（如白粉病菌）则可以用肉眼来观察。通常这些病原生物的存在不是立即可以看到的，而是在它们对植物产生了影响，如植物出现萎蔫、叶片变黄等**症状**（**symptoms**）时，才能发现它们的存在。

一些小动物〔如线虫（*Globodera*）、介壳虫、蚜虫和螨类〕通常被称为**寄生物**（**parasites**），它们吸吮植物汁液，移动性差，可以用肉眼或者放大镜观察和计数。昆虫学家通常称它们为**植食性**昆虫（**phytophagous** insects）。寄生性高等植物，如独脚金（*Striga*）和列当（*Orobanche*）也被认为是寄生物。

食草动物（**herbivore**）指的是更大一些的、通过咀嚼方式来造成植物组织**咬食伤害**（**bitting damage**）的动物（如毛虫、蝗虫、啮齿类动物）。食草的昆虫也被称为植食性昆虫。

还没有相关文献对这些学术术语进行统一。许多人称白粉病菌为病原生物（因为它是微生物），然而，白粉病菌菌落像介壳虫（一种寄生物）一样是可以观察到的，因此，也经常被称为寄生性真菌，所以，表 2.1 中，真菌既可归类为寄生物，也可归类为病原生物。

表 2.1　不同有害生物的分组和它们影响植物的特性

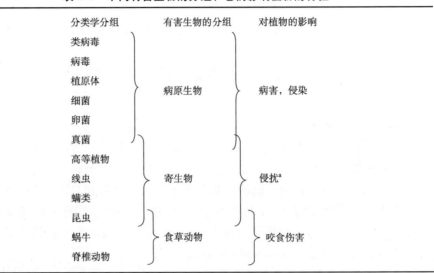

分类学分组	有害生物的分组	对植物的影响
类病毒		
病毒		
植原体	病原生物	病害，侵染
细菌		
卵菌		
真菌		
高等植物		
线虫	寄生物	侵扰[a]
螨类		
昆虫		
蜗牛	食草动物	咬食伤害
脊椎动物		

a 有些线虫或昆虫侵害植物时，会引起植物生理失衡，所以称之为病害也是正确的。

　　能被寄生物或病原生物成功取食的植物称为**寄主植物**（host plant）。植物为其提供了营养和庇护所：生存的场所。例如，黄瓜是蜘蛛螨和黄瓜白粉病菌（*Sphaerotheca fuliginea*）的寄主植物。作为被食草动物取食的植物也被称为**食料植物**（food plant）（如牧草是奶牛的食料植物），寄主植物和食料植物间没有严格的区分界限。

　　许多描述病原生物的原理也同样适用于寄生物，为了避免使用短语"寄生物和（或）病原生物"，本书更多地使用"病原生物"来表示。

2.1　病害的概念

　　顾名思义，病原生物就是引起病害的生物，但许多病原生物是否真的引起病害还不确定。狭义地说，**病害**（disease）这个词表示的是整个植株生理上的失衡，导致黄化、萎蔫、矮化和畸形等症状的产生。其中，最典型的症状是由病毒、植原体、细菌和维管束萎蔫真菌等**侵染**（infections）引起的。植物组织对病原生物侵入的局部反应，如抗性反应导致的坏死斑点，或局部侵染导致的坏死病斑，也被称为症状。

　　症状的严重度有时并不反映病植株中存在的病原生物的数量（见 §3.3 耐病性）。

　　许多病原生物和寄生物有时可以直接观察、计数和测量。叶片上白粉病菌的菌落数和植株上很多介壳虫一样，它们实际上都不是症状，而是病原生物本身。在许多科学文献中，这些菌落可能被称为症状。实际上将这些观察到的病原生物称为**病征**（**signs**）可能更好。植物受到侵染的结果是产量下降，即损失（**damage**），它不一定直接可见，也不一定能根据侵染的程度来预测。和人类对流感的侵染有不同忍耐性一样，不同植物基因型对病原生物侵染的忍耐性也是不同的。

叶斑真菌引致局部病斑，这些病斑是病原生物在植物局部组织中存在的直接结果，虽然看不见病原生物本身，但可以根据病斑的大小和数目间接地估计病原生物的数量。这些病原生物居于导致症状的病原生物和直接可见的病原生物之间。

当介壳虫或白粉病菌的侵染没有导致整株植物产生生理失衡时，为了避免使用病害这个术语，可以使用侵染来表述正受到病原生物或寄生物伤害的植物（如受锈菌严重侵害的植物）；当病原生物导致整株植物发生一定程度的生理失衡时，则用术语"病害"和"发病的植株"来表述（如黄花叶病毒、萎蔫性真菌等侵害的植物）。

害虫这个术语用来指寄生性动物或食草动物，这一单词也可以指一种害虫种，如烟粉虱（white fly）是番茄上的害虫。当一种害虫的群体达到一定数量引起损失时，称之为**虫灾**（**plague**），如 1993 年番茄上发生白蝇的虫灾。植物上栖居了一种害虫的大量个体时，植物即受到了那种害虫严重的**侵扰**（**infestation**）。为了简便起见，本书的侵染也包含了这种侵扰。

2.2　病原生物的分类

可以根据病原生物对寄主的**侵染过程**（**infection process**）进行简单的分组，**活体营养型**（**biotrophs**）病原生物，如病毒、白粉病菌、锈菌、散黑粉菌（*Ustilago*）依赖活体植物组织生存，许多活体营养型真菌在植物细胞内形成**吸器**（**haustoria**），利用吸器从植物细胞内吸收营养。吸器挤压原生质膜，直至凹陷，但并没有侵入到细胞质内。尽管存在这种吸器，但寄主植物细胞依然是活的。吸器也有可能使植物细胞发生重程序化，抑制其可能的防卫反应。

大多数活体营养型病原生物不能在人工培养基上生长，或者只有在采用复杂的培养方法时才能生长。

死体营养型（**necrotrophs**）病原生物，如壳针孢（*Septoria*）、长蠕孢（*Helminthosporium*）的病原菌和其他叶斑真菌以及油菜菌核病菌（*Sclerotinia sclerotiorum*）和灰霉菌（*Botrytis cinerea*）等，都是先杀死寄主组织或细胞，然后从这些死亡的组织中吸取养分。这些病原生物通常产生毒素来杀死寄主，它们和**腐生物**（saprophytes）非常相似（参见专业术语表），在死亡的植物组织上生长旺盛，所以很容易在人工培养基上培养。

半活体营养型（hemibiotrophs）病原生物，如致病疫霉菌（*Phytophthora infestans*）、霜霉病菌等，是活体营养型病原生物和死体营养型病原生物之间的中间状态。植物组织在受到这些病原生物侵入后瞬间即死亡，有些种如马铃薯致病疫霉病菌在培养基上可以生长，有些种如莴苣盘梗霉（*Bremia lactucae*）等不能进行人工培养。

偶遇性寄生物/病原生物（opportunistic parasite/pathogen）可以侵染许多种植物，尤其是那些防卫能力受到影响的植物或植物器官，如生长在亚最适条件下的植株、秧苗或成熟的果实等。例如，卵菌中的腐霉（*Pythium*）和引起幼苗猝倒病的丝核菌（*Rhizoctonia*）都是这种类型，还有**维管束萎蔫病菌**（**vascular wilt**）、根腐和基腐病原真菌等，如尖孢镰孢菌（*Fusarium oxysporum*）、黄萎轮枝菌（*Veiticillium albo-atrum*）和榆枯萎病菌（*Ceratocystis ulmi*），前两种病菌引起木质部的堵塞，导致植株萎蔫，后一种病菌是大家熟知的荷兰榆树病（Dutch elm disease）的病原菌。

Q1：病原生物、寄生物和食草动物有什么异同？

Q2：用病原生物这个术语描述白粉病的病原菌有什么不妥吗？如果用来描述大丽轮枝菌呢？

第三章 对病原生物和寄生物的天然防御

植物有三种抵御病原生物侵染的策略：**避害性**（**avoidance**）、**抗害（病）性**（**resistance**）和**耐害性**（**tolerance**）。在农业生产中，最重要的是抗害性。本章分别介绍这三种策略，本书其他大部分的内容主要介绍抗害性这种策略。

3.1 避 害 性

避害性指寄主植物或作物通过特殊的形态、表面特征或者气味等，减少与潜在有害生物的接触。避害发生在寄主和寄生物紧密接触前，对寄生动物和食草动物特别有效，因为寄生动物和食草动物能行动，可以主动地选择它们的营养源和产卵基质。因此，植物尽可能用一些性状不去吸引病原生物，或避开这些有害生物，如**拟态**（**mimicry**）、伪装、颜色改变，腺毛、刺、棘等物理障碍，植物的生长发育与寄生物生活史错开等。

　　在西番莲属（*Passiflora*）上发现的就是一个伪装例子。蝶（*Heliconius*）的幼虫主要以这个属的植物为食物。西番莲属的几个植物种与同地域一个植物种有非常相似的叶片形态，而蝶的幼虫是不能以那个物种作为食物的（Gilbert，1982）。

另一类避害机制是化学障碍。许多植物能分泌排斥寄生动物取食和产卵的排斥剂（repellents），这种排斥发生在有害生物与其接触之前，或在第一口试探性取食时。这种避害也被称为**拒生性**（**antixenosis**）。病原生物没有感觉器官，所以植物的颜色、形态和排斥剂等一般不能对它们起作用。一般来讲，病原生物都是被动落到了植物体上的，植物的气味、刺和毛等障碍不能帮助植物避开病原生物。然而，作物的形态（株型）能在某种程度上阻止病原真菌的接触，叶片直立的品种与叶片水平的品种相比，前者有更少的病原菌孢子；作物的株型也可以通过影响小气候间接地影响病原生物的侵入过程。

有些病原生物通过柱头侵入寄主，如麦角菌（*Claviceps*）和散黑粉菌（*Ustilago*）等。闭花受精的植物种如高粱、小麦和其他谷类作物，可以避免病原菌的侵入。有些病原真菌通过气孔侵入叶片，它们借助叶片表面的形态，调整芽管向气孔方向生长。如果植物叶片表皮形态能改变或者气孔上覆盖很多角质蜡质等，病原生物就很难探测到气孔（图 3.1），这些过程都发生在寄主和病原生物密切接触之前，是避病机制。

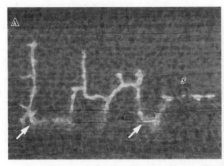
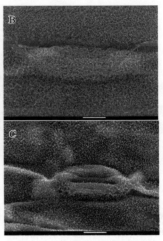

图 3.1　智利大麦（*Hordeum chilense*）材料上避病的例子。（A）大麦锈菌（*Puccinia hordei*）的萌发管，在两个气孔上不断生长，没能在遇到的第一个气孔上形成附着胞，侵入叶片。*s*：萌发的孢子。（B）智利大麦气孔的扫描电镜照片，气孔细胞上覆盖了大量角质蜡，很难被锈菌的萌发管识别。（C）另一个智利大麦材料的气孔，能够很容易地被锈菌的萌发管识别［引自 Niks，Rubiales（2002）和 Vaz Patto，Niks（2001）］。

　　避病不能和逃避混杂，术语"逃避"用来指由于偶然原因，植物没有或者较少被侵入的现象。在接种物密度较低，或者试验的环境条件不利于病原生物侵入植物时，逃避是一种很重要的因素。与避病不同，逃避不是植物遗传因素决定的一个特性，育种家应当尽可能减少逃避事件发生的概率，否则没有被病原生物侵入的植物可能会被误认为是抗病的个体进行选择。

3.2　抗　害　性

　　抗害性是指有害生物与植物接触并建立关系后，植物减少有害生物生长和（或）发育的能力。抗害机制主要是针对植食性昆虫、寄生物和病原生物来作用的，对脊椎动物类食草动物没有作用。植物对害虫（如蚜虫、潜叶虫、螨类、科罗拉多马铃薯甲虫等）的抗性也被称为**抗生性（antibiosis）**，表现为较高的死亡率、较低的幼虫生长速率和繁殖率。

　　根据抗害性的定义（参见本节的第一行），植物的抗性可以通过将每个植物个体或者植物器官上病原生物或寄生物的数量与**感病的（susceptible**，抗性最低）

个体或器官上病原生物的数量比较获得。在许多植物-病原生物系统（plant-pat-hosystems）中，尤其是对于从根部侵入的**系统性**（systemic）病害，很难测定在植株上侵入的病原生物数量。因此，一般用表现出的症状严重度作为抗性测定的间接指标，当然症状的级别和病原生物数量间相关性有时不高（参见§3.3耐害性）。

3.3　耐　害　性

与避害和抗害一样，表现出耐害性的寄主最终使有害生物侵入引起的损失降到很低。耐害性并不涉及阻止有害生物与寄主的接触，也不限制有害生物在定殖寄主以后的生长和繁殖等。耐害性是一个植物在一定量有害生物存在于寄主植物时，能够减轻植物**损失**（damage）或者症状的一种能力。有害生物在耐害寄主植株上，通常比在**敏感**（sensitive）植株上产生较小的伤害（表现产量下降）或者表现温和的症状。**敏感性**（sensitivity）是耐害性的反义词：一定量有害生物存在时，导致相对较高的损失和严重的症状。

耐害性和敏感性都是相对的、可以量化的性状，通过测定单位面积病原生物存在时寄主的损失量来测定，这个比率越低，植株越耐病。

在病毒学上，耐病也被用来表示病毒侵染引起相对温和的症状、在最耐病的情况下，虽然寄主组织内的病毒繁殖，但寄主不表现任何症状，寄主被称为**无症携带者**（symptomless carrier）。

植物接种病毒后出现相对温和的症状可能有两种情况：植物有相对高的抗性，或者植物有相对高的耐性（或者两者兼具）。只有当植株体内测定到相当高的病毒浓度时，才能据此判断植物是耐病的。

Kooistra（1968）测定了一些黄瓜品种和砧木对黄瓜（*Cucumis*）绿斑驳花叶病毒的抗性，有些材料，尤其是日本品种 Natsufushinari，接种病毒后不表现任何症状。从症状表现来讲，它是完全耐病的。这些植株的病毒浓度和产量下降与感病的黄瓜品系一样。从损失情况看，这个无症品系既不抗病，也不耐病。

番茄黄化卷叶病是热带、亚热带和地中海气候带番茄毁灭性的病害，它由烟粉虱传播的番茄黄化卷叶病毒（*Tomato yellow leaf curl virus*，TYLCV）引起。在野生智利番茄（*Solanum chilense*）中，一个主效耐病基因（*Ty* 基因）被鉴定出来，并转育到栽培番茄上。采用回交渐渗法，把 *Ty* 基因转育到一个以前的番茄品种 Moneymaker 上。接种 TYLCV 病毒，Moneymaker 出现典型的黄化和卷叶特征，而一个携带 *Ty* 基因的高代回交系（advanced backcross line，ABL）表现出无症（图3.2）（Y. Bai，未发表资料）。Moneymaker 和 ABL 植株体内积累的病毒量相近，因此，对 TYLCV DNA 的侵染，*Ty* 基因是控制耐病，不起抗病作用。

图3.2　（A）TYLCV 侵染 Moneymaker 植株后，出现黄化和卷叶症状。（B）携带 *Ty* 基因的 ABL 株系，虽然植株上可以检测到 TYLCV 病毒，但不表现症状。图为接种 TYLCV 病毒三周后所摄取的照片。

　　植株被有害生物侵染、啃食后，**恢复（recover）** 生长的能力也被认为是一种耐害特性。

　　对耐害性的经济意义目前还了解很少，因为经常与植株的抗性同时存在，所以很难对植物真正的耐害性水平进行评估（参见§6.10 和§7.8.1.3）。

　　Q3：在南非沙漠上生长的生石花属（*Lithops*）的植物有点像卵石，这种形态可能的功能是什么？正确的学术术语是什么？

　　Q4：抗害性的定义是什么？为了确定 A 品种相对 B 品种的抗害性水平，需要测定什么参数？

　　Q5：如果说"一个作物品种对白粉病菌的侵染引起的症状表现耐性"，准确吗？如果说"对轮枝菌（*Verticillium*）的侵染或者甜菜胞囊线虫（*Heterodera schachtii*）的侵染引起的症状表现耐性"呢？

　　Q6：某育种家计划测定花生对花生黄斑病毒的抗性和耐性水平，他用 ELISA 技术测定接种植株和未接种植株上的病毒浓度、症状严重度和产量，获得的相对结果表示如表3.1所示。

表 3.1　花生对花生黄斑病毒的抗性和耐性水平测定结果

品种	相对病毒浓度	黄化和矮缩程度	相对产量	
			接种	未接种
A	100	8	80	90
B	50	0	100	100
C	50	3	40	90

（1）哪一个品种的抗性最好？

（2）哪一个品种最易感病？

（3）哪一个品种最耐病？

（4）哪一个品种对病毒最敏感？

Q7：测定作物对萎蔫性真菌，如黄萎病的抗性以及对白粉病菌的抗性，哪一个更容易？为什么？

Q8：在 3 个西瓜品种上同时接种一种病毒，测定病毒的危害。作两种处理，一种处理作为空白接种，另一种处理采用病毒接种。然后，测定每一个单株的产量（见表 3.2），哪一个品种对病毒的耐害性最高？

表 3.2　3 个西瓜品种接种一种病毒的测定结果

品种	产量（未接种）千克/单株	产量（接种）千克/单株	产量下降/%
A	26	12	54
B	28	18	36
C	24	23	4

第四章 植物-病原生物相互作用：基本概念

为了更好地理解植物-病原生物之间的相互作用，先介绍一些植物与其有害生物之间**协同进化**（co-evolution）的知识。

绿色植物是地球上几乎所有生命的基础。植物可以借助于第一能源——光，把二氧化碳、水和矿物质等无机物转化为碳水化合物、脂肪和蛋白质等有机物。对于那些不能进行光合作用的生物而言，植物是它们诱人的营养来源。植物为了阻止微生物和动物对它的取食，进化了一些保护自己的策略。这些策略变化很大，不同植物种间的策略各不相同。当表皮或者树皮受到伤害时，植物可以快速有效地修复伤害点，以阻止微生物的侵入，有的植物可能含有有毒物质如生物碱（alkaloids），或者产生一些化合物来应对伤口和侵染企图，这些特性被称为**一般性防御**（general defence）。由于很多潜在害虫和病原生物的**选择压**（selection pressure），植物在进化的早期就已经具备了这些防卫机制。植物一般性防御对于所有潜在的有害生物都是有作用的。有些广谱防卫机制是组成性的，有些是诱导产生的（图 4.1，左）。诱导产生的防御机制常用所谓的**病原生物关联分子模式**

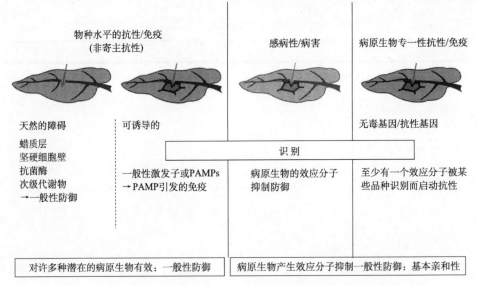

图 4.1 一般性防御和基本亲和性以及植物和病原生物相互识别的示意图

(Nürnberger et al.，2004)

（**pathogen-associated molecular patterns，PAMPs**）来阐述。病原生物关联分子模式是微生物生活过程中必不可少的，对植物而言是外来的。植物病原细菌鞭毛上的基序、真菌细胞壁上的几丁质等都是典型的病原生物关联分子模式。植物组织上的受体可以感受这些病原生物关联分子模式，这种感受作用启动了防御反应，并导致 **PAMP 引发的免疫**（**PAMP-triggered immunity**）反应（图 4.2，左）。

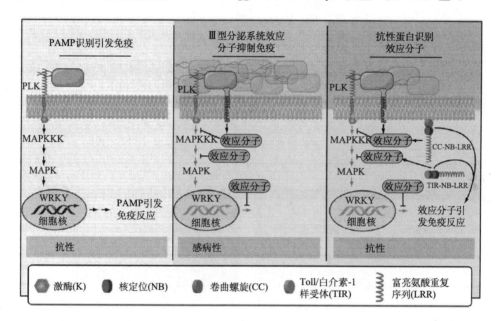

图 4.2　病原细菌和植物间的互作模型。（左）受体激酶（receptor-like kinases，RLKs）感知病原生物关联分子模式（PAMP，如细菌的鞭毛）快速引发免疫反应，包括通过 MAP 激酶级联反应的信号传导和植物 WRKY 转录因子介导的转录因子重程序化过程。（中）病原细菌分泌效应分子蛋白结合寄主蛋白，抑制 PAMP 引发的免疫反应。（右）植物抗性蛋白（用 CC-NB-LRR和 TIR-NB-LRR 表示）识别效应分子，从而引发免疫反应表现抗病（Chisholm et al.，2006）。

　　病原生物为了能侵染植物，必须避免或者抑制 PAMP 引发的免疫反应。因此，已经适应了的病原生物分泌一种**效应分子**（**effector**），进入植物组织（一般进入细胞质）干扰植物的防御反应（图 4.2，中）。这些保守的效应分子可能对植物物种是非常专一的。病原生物因子的专一性可以很好地解释植物病原生物的高度专一性，即大多数病原生物只能侵染极个别的植物物种（参见 §5.3.2 和 §5.3.3）。
　　植物对不适合的病原生物的防御过程类似于建筑物中的防盗警报装置，警铃可以被非专一性因子触动（分别为盗贼和 PAMPs），它们可以用特殊的方式关闭（分别是授权人的密码和专一性的效应分子）。
　　当一个生物能侵害一个植物种时，可以认为这种生物具有抑制该种植物一般性防御的能力，包括病原生物关联分子模式激发的免疫作用，从而导致植物和该有害生物间的**基本亲和性**（**basic-compatibility**）（图 4.1，右）。基本亲和性的反义词是基本抗性。如果该种植物的基本抗性是完全的，而且该植物种内的每个个体都能表现出抗性，这种抗性称为**非寄主抗性**（**non-host resistance**）（参见§5.3），或者病原关联分子模式引发的免疫反应（图 4.2，左）。

当豌豆白粉病菌（*Erysiphe pisi*）的一个分生孢子落到大麦叶片上，孢子可以正常萌发。病原生物试图穿透大麦叶片的表皮细胞，大麦在病原生物试图穿透点的细胞壁上快速产生**乳突**（**papilla**，局部细胞壁沉积），从而阻止病原生物的侵入。大麦以相同的方式应对其他不适应的真菌的侵入。然而，大麦白粉病菌（*Blumeria graminis* f. sp. *hordei*）可以成功地穿透大麦的表皮细胞壁，形成吸器，生长和繁殖（图 4.3，左）。显然，大麦白粉病菌能抑制大麦对豌豆白粉病菌产生的防御反应。

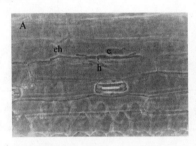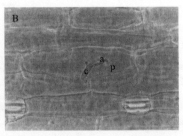

图 4.3　大麦表皮上的白粉病菌（*Blumeria graminis*）幼嫩孢子。（A）成功侵入后，在植物细胞内形成一个吸器（h），并进一步产生伸长的次生菌丝（eh）。（B）一个未成功的附着胞（a）不能形成吸器，植物细胞形成了乳突（p）。c：分生孢子。

每种植物只能被有限的几种有害生物作为营养源而侵害，几种有害生物对该植物群体产生选择压。有高度抗性或者额外抗性的植物个体比没有抗性的个体有更好的适应性，这种抗性一般对病原生物/害虫种是专一的，这种**病原生物专一性抗性**（**pathogen-specific resistance**）存在于基本亲和性之后（图 4.1，右）。

大麦白粉病菌能侵染大麦，这是基本亲和性。在不同大麦基因型间，这种基本亲和性是不同的。在某些基因型上，能够较容易形成吸器（见§5.4.2）。但是，即使成功地形成吸器（基本亲和性高），也可能有进一步的抗性存在。植物可能含有高度专化性的抗性基因（*R* 基因），它们的产物可以识别病原生物的专化效应分子（已知是无毒基因产物 *Avr* 因子，图 4.1，右）。抗病基因和无毒基因产物间的相互识别，引

发了受侵染植物细胞的快速坏死以限制病原生物的侵染（见
§5.4.1.3)。这是包含在侵染过程中的一个基本的自杀机制，这种效果
只有在具有基本亲和性的情况下才表现出来。

由此可见，植物抵抗潜在入侵者的防御作用是有层次的，包括组成性和诱导
性的防御反应，其中最常见的是病原生物关联分子引发的先天免疫反应。一个潜
在的有害生物能侵害特定种的植物，只有在它能耐受植物分泌的毒性化合物的前
提下，有降解这些毒性化合物的能力，而且能够成功地抑制防御反应的诱导。植
物也可以识别抑制防御反应的效应分子，从而激活病原生物专一性防御反应［称
为效应分子引发的免疫反应（effector-triggered immunity)］（图 4.2，右）。

第五章　抗性机制的多样性

5.1　引　　言

前面已经讨论过作物避害性、抗害性和耐害性三种不同的防御策略，其中，抗害性是目前作物育种中最为广泛应用的策略。本章介绍植物育种家最常用的不同类型的抗害性，包括它们的抗性机制、抗性遗传、抗性的持久性和专一性等。

5.2　广谱抗性

植物最常见的抗性机制是**广谱抗性**（**broad resistance**）的例子，广谱抗性能有效抵御不同类型的潜在有害生物，其抗性机制是可以鉴定的。例如，马铃薯和毛地黄（*Digitalis*）中有毒的类固醇生物碱（steroidal alkaloids）和糖苷生物碱（glycoalkaloids）等、马利筋（*Asclepias*）中产生的乳胶等。

葡萄糖酸（glucosinolates）是植物化合物控制广谱抗性的一个经典例子，主要存在于十字花科植物（Brassicaceae，以前称为 Cruciferae）中。在十字花科植物中有三类不同的葡萄糖酸，在植物组织受到伤害后，它们会转变成不同的有毒化合物，抵抗食草动物。甘蓝型油菜（*Brassica napus*）是十字花科的一个种，其花为鲜黄色，种子可加工食用油。甘蓝型油菜叶片中的葡萄糖酸含量与其受到蚝蝓、鸽子、山鹑和鹿等食草动物的危害程度之间存在负相关。离体条件下，葡萄糖酸化合物的水溶液对不同真菌病原生物是有毒的，因此，葡萄糖酸实际上控制的是真广谱抗性。葡萄糖酸含量很高的油菜品种，由于毒性太大可能不能用作饲料来喂养家畜和家禽。但是，种子和叶片中葡萄糖酸的浓度可能是由不同的遗传基因控制的，因此，可以培育种子中低葡萄糖酸含量、叶片中高含量的油菜品种。葡萄糖酸可以作为一种引诱物质，对一些十字花科专一性的食草动物起作用，显然这些动物可以忍受或者降解这些毒性化合物。十字花科植物中葡萄糖酸的含量与其受到十字花科专一性有害生物，如卷心菜跳甲虫（*Psylloides chrysocephala*）和大菜粉蝶（*Pieris brassicae*）危害的百分率成正相关。葡萄糖酸对十字花科专一性有害生物的这种引诱作用在一些不相关的物种，如旱金莲（*Tropeolum majus*）上也存在。这个物种同样含有葡萄糖酸，各种十字花科专一性有害生物也能取食这种植物（Mithen，1992；Giamoustaris，Mithen，1995）。

防御反应的机制可以分为**主动防御机制（active mechanisms of defense）**和**被动防御机制（passive mechanisms of defense）**两种。在被动防御机制中，不管有害生物（病原生物）是否存在，其毒性化合物或者机械性障碍是组成性的，或者说是预存性的。马铃薯上的生物碱控制的就是一种被动防御机制。

主动防御机制只在有害生物试图侵入植物组织时才开始起作用。寄主被专一性地诱导产生**植保素（phytoalexins）**类化合物就是主动防御机制的例子。这些化合物，如豌豆的豌豆素、大豆的羟基菜豆素、菜豆的菜豆素、葡萄的紫檀芪、甜菜的甜菜二氢黄酮等，都是在受到侵入或伤害点周围的寄主细胞中产生的。这些化合物的生物干扰或者生物毒性作用是非常广谱的，可以有效地抵御各种不同的微生物，但这种主动防御机制仅限于伤口或者侵入点附近。

主动防御机制的另一个例子是乳突的形成（图 4.3，右和图 5.1），即当真菌试图侵入寄主细胞壁时，寄主形成的细胞壁沉积，如大麦受到黑麦叶锈菌和许多表皮侵入的病原生物侵入以及小麦受到豌豆白粉病菌侵入时的情况。

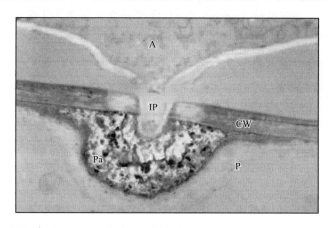

图 5.1　植物细胞壁（CW）受到高粱炭疽病（*Sorghum anthracnose*，A）侵入时，产生的乳突（Pa）阻止了病原生物的侵入。IP：侵染钉（infection peg）；P：原生质膜（plasmalemma）（Spanu et al.，2010）。

病程相关蛋白（pathogenesis-related proteins，PR proteins）的产生也是主动防御机制的一个例子。当植物受到侵入、啃伤或其他类型胁迫（如土壤中金属、衰老等）时的反应就是产生这些蛋白质。病程相关蛋白是整个植株系统性产生的，这些蛋白质的产生提高了植物对许多有害生物的抗性水平，这种现象也被称为**诱导抗性**（**induced resistance**）或者系统性获得抗性。

当棉花幼苗受到维管束萎蔫真菌黄萎病菌的温和（轻微）侵入时，比未受到侵入的幼苗表现出更高的对蜘蛛螨的抵御能力。同样，受到蜘蛛螨危害的棉花幼苗比未受到危害的幼苗表现出更好的对黄萎病的抗性，即使在接种真菌前把蜘蛛螨杀死，也是这种情况。显然，这种抗性是系统性的，对病原生物是非专一性的（Karban et al.，1987）。

有一些病程相关蛋白具有几丁质酶和糖苷酶的活性，几丁质酶有破坏真菌蛋白质的功能，因为几丁质是真菌细胞壁的主要成分。几丁质酶可以在植物细胞的液泡和胞间积累。有研究表明，几丁质酶无论在离体或者活体条件下，可以降解多种真菌的细胞壁。将来自菜豆的几丁质酶基因，连接在组成型表达的启动子后，转化烟草和油菜，提高了这些植物对纹枯病菌（*Rhizoctonia solani*）的抗性水平，抗性水平和菜豆几丁质酶的浓度成正相关，这与预期的结果一样。但转基因植株对于腐霉没有抗性，因为属于卵菌的腐霉不含有几丁质。在有些情况下，几丁质酶和抗性没有相关性，例如，几丁质酶基因对烟草蛙眼病菌（*Cercospora nicotianae*）的**感病性**（**susceptibility**）没有影响，虽然几丁质也是这种真菌细胞壁的主要成分（Broglie et al.，1991）。

Q9：被动的广谱抗性有什么可能的缺点，从而限制这种抗性在植物育种中的利用？

5.3　非寄主抗性

5.3.1　定义

所有植物物种对大多数潜在的有害生物具有完全的抗性，换句话说，所有植物物种对大多数潜在的有害生物是**非寄主**（**non-host**）（不是它的食料植物）。非寄主植物这个术语只用在植物-病原生物的物种水平上。一个植物物种所有的个体如果对有害生物物种 X 的所有个体都不感染，该种植物称为有害生物 X 的非寄主。在一个植物物种中，只要还不知道有任何基因型能被感染，就可以认为它是非寄主物种。这意味着在理论上非寄主本身还是不确定的，因为可能存在一些从没有被鉴定过的、能被感染的基因型或个体。寄主和非寄主间的界限有时也不是绝对的，在鉴定一个植物物种是非寄主的过程中，有以下问题要考虑：①在特定条件下（如热激后的植物），被认为是非寄主的物种也可能允许病原生物有一定程度的繁殖；②没有广泛鉴定过的一个植物物种，在缺少足够的证据时，可能被认为是非寄主；③物种的分类并不总是很清晰的，尤其是对病原生物种内专化型的区分（参见§5.3.4）。

5.3.2　寄生能力

如果某种植物对害虫或病原生物是非寄主，意味着该有害生物物种缺乏在这种植物上寄生的能力，这个有害生物种是不适应的。**寄生能力**（**parasitic ability**）是一个生物开拓利用一种植物作为营养源的能力，这个术语也经常是**致病能力**［**pathogenicity**（见5.3.3）］的同义词。它包括克服植物防御反应机制，尤其是抑制 **PAMP 引发的免疫**（**PAMP-triggered immunity**，参见§4 和图4.1，左），以及适应植物一般特性的能力，如找到气孔的能力和穿透木质茎的能力。

马利筋这种植物和其害虫之间的相互作用特别适合于解释"寄生能力"。马利筋可以产生一种有毒的乳汁（乳胶，latex），从受伤组织中流出，当不适合的害虫在马利筋上取食时，它的口器很快被乳胶聚合体胶黏在一起。在马利筋上有寄生能力的害虫，能将要取食的组织上方的乳汁管刺穿，释放乳汁管里面的压力（Dussourd, Eisner, 1987）。

显然，植物的广谱抗性机制对许多食草动物的作用是非寄主状态的作用。当研究者人工刺穿了马利筋的乳汁管，许多原来不适应的食草动物也能成功地利用马利筋的叶片作为一种营养源。因此，假如人为地破坏这种抗性机制，马利筋就会成为这些害虫适合的食料植物。

迄今，已经描述了94种有穿管（canal-cutting）能力的昆虫，其中27%是**广食性者**（**generalist**），即能在绝大多数植物上取食存活的生物，这个比例与自然界总的食草害虫的比例相近。显然，穿管行为对它们在其他不相关的带管（canal-bearing）植物上取食没有作用（Dussourd, 2009）。

有适应能力的有害生物，即能获得寄生能力的生物，可以耐受和克服被动的广谱抗性机制，或者抑制主动防御机制的产生。

在 Ouchi 等（1974）的经典研究中，有一些有趣的信息。他们用大麦白粉病菌和黄瓜白粉病菌两个植物病害系统进行研究，发现大麦是黄瓜白粉病菌的非寄主，而黄瓜是大麦白粉病菌的非寄主，分别用大麦白粉病菌和黄瓜白粉病菌接种其寄主大麦和黄瓜，在病原菌侵入寄主、建立寄生关系和产生少量菌丝后，从叶片上把病菌刮了。因为白粉病菌是一种外寄生菌，只侵入表皮细胞形成吸器。然后，再分别接种不合适的白粉病菌：大麦上接种黄瓜白粉病菌、黄瓜上接种大麦白粉病菌。当把这些原本不合适的白粉病菌接种在合适病原菌以前生长过的部位时，虽然较弱，但它们也能发育成吸器并生长，甚至在这种非寄主植物上繁殖产生孢子（图 5.2）。显然，大麦白粉病菌在大麦上、黄瓜白粉病菌在黄瓜上分别诱导了对这些不合适病菌的感病性（或者抑制了防卫反应，见 §4）。当这些白粉病菌在不合适的植物种上生长时，大麦显然能提供适当的营养给黄瓜白粉病菌，黄瓜也能提供适当的营养给大麦白粉病菌。所以，这些植物的非寄主状态不是由于植物本身不适合作为这些害虫和病原生物的营养源而引起的（Ouchi et al.，1974）。根据锈菌的细胞学研究结果发现，大麦锈菌有抑制大麦防卫反应机制的能力，而黑麦叶锈菌（*Puccinia recondita* f. sp. *secalis*）没有抑制大麦防卫反应机制

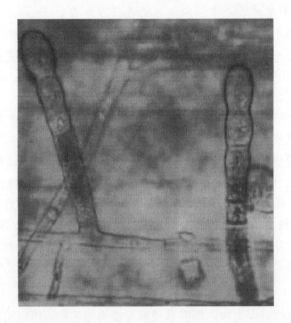

图 5.2　用大麦白粉病菌接种大麦 48 小时后诱导感病反应，再接种黄瓜白粉病菌，可见其在非寄主植物大麦上开始产生孢子（Ouchi et al.，1974）。

的能力。当两种锈菌同时接种到大麦幼苗时，大麦白粉病菌抑制了大麦的防卫反应机制，有助于黑麦叶锈菌的侵入（Niks，1989a）。

5.3.3　寄主范围

由于有大量非寄主抗性的存在，所有的有害生物都只能开拓利用有限的植物物种作为其营养源。一般地，只有少数植物种是潜在的有害生物种的寄主，能被开拓利用作为营养源、生活的基质和场所。能被该种有害生物利用的所有植物物种就是它的**寄主范围**（**host range**），除此以外的植物种就是它的非寄主。

生物体侵入某个植物物种的能力被称为**致病能力**〔pathogenicity（**致病性的**：pathogenic）〕，有较广寄主范围的害虫或病原生物被称为**广谱有害生物**（**generalists**）或者**多食性的**（**polyphagous**）生物〔如绿色桃蚜、蜘蛛螨、加州牧草虫、灰霉菌、青枯假单胞菌（*Pseudomonas solanacearum*）〕，有较窄寄主范围的有害生物种被称为**寡寄主型**（**specialists**）、**寡食性的**（**oligophagous**）或**单食性的**（**monophagous**）生物〔如大麦上的大麦锈菌、大麻上的斑潜蝇（*Liriomyza cannabis*）、茄科上的科罗拉多马铃薯甲虫等〕。

大多数的有害生物仅仅适合在有限数目的植物物种上取食，还不清楚为什么在一个生物群内（如蚜虫），有些种是成功的广谱有害生物，而有的种是寡寄主型。寡寄主型对它本身的存活似乎是一种有风险的策略。但是，自然界的寡寄主型生物种大量存在，正是由于它们的专食性，才能成功地保持竞争优势。

5.3.4　专化型

表现为广食性的有害生物物种，可能是由不同的专食性的株系组成，例如，禾本科白粉病菌（*Blumeria graminis*）对于许多禾谷类物种都是**致病性的**（**pathogenic**），但经过深入研究发现，在小麦上致病的菌株其实在大麦、燕麦和黑麦上是不能致病的。同样，在大麦上致病的菌株也不能侵入其他的禾谷类作物，即使是大麦的近缘种——球茎大麦（*Hordeum bulbosum*），也有它自己的菌株形式。属于同一个种，但有不同寄主范围的这些病原菌菌株被称为**专化型**（**formae speciales**）〔单数为**专化型**（**forma specialis**），缩写为 f. sp.，如 *Blumeria graminis* f. sp. *tritici*〕。细菌学家在细菌上用的同义词是**致病变种**（**pathovar**）。专化型之间很难从形态上加以区分，相互间也经常不能交配，说明在许多情况下，它们在遗传上是相互隔离的，可以构成不同的种。

锈菌中的专化型在侵入结构等形态上可能是明显不同的,尤其是气孔下方的泡囊。例如,小麦叶锈菌(*Puccinia recondita* f. sp. *tritici*)的侵入结构完全不同于黑麦叶锈菌的结构,目前,前者更正确地被称为小麦叶锈菌(*Puccinia triticina*)。这种观察也支持了专化型是明显不同的、但非常相关的种的观点(Niks,1989b;Swertz,1994)。

5.3.5 非寄主抗性的遗传

有关植物非寄主抗性遗传和抗性机制还了解很少。由于非寄主抗性性状存在于整个物种内,按照定义,种间是很难杂交的,所以很难采用经典遗传学的方法研究并阐明非寄主抗性的遗传基础。

一个非常少见的例子是莴苣属(*Lactuca*)的植物,它的寄主和非寄主两个物种间可以杂交,进行遗传分析。栽培的莴苣(*Lactuca sativa*)是莴苣盘梗霉的寄主,它的近缘种生菜(*Lactuca silagna*),目前被认为是莴苣盘梗霉的非寄主。该近缘种可以与栽培莴苣杂交(虽然有些困难),可以进行非寄主抗性的遗传。Zhang 等(2009)发现莴苣近缘种生菜的非寄主抗性是多基因遗传的,至少涉及 15 个微效抗性基因。

非寄主抗性的遗传研究,也可以在感病性很低、接近于非寄主抗性相互关系的寄主-病原生物之间进行,寄主-病原生物互作研究结果有助于理解非寄主抗性的遗传机制。

非寄主抗性的遗传研究还很少,采用诱变技术可以获得感病个体,例如,诱变拟南芥(*Arabidopsis*)后,获得了对大麦白粉病菌感病的个体,并鉴定了三个非寄主抗性所必需的基因 *PEN*(penetration 的缩写,穿透的意思)(Kang et al.,2003;Collins et al.,2003)。这三个基因的单一突变就会增加大麦白粉病菌在拟南芥上吸器形成的频率,但这些突变不会增加拟南芥对大麦白粉病菌的整体感病性,因为表皮细胞过敏反应(HR)相关的抗性会阻止病菌的进一步发育(Lipka et al.,2008)。这三个关键基因显然是非寄主抗性所必需的,但是它们只决定下游的非寄主防卫反应,而不能解释哪些非寄主抗性可以被特异的病原生物所抑制。

Niks 实验室在大麦上进行了遗传学试验,发现大麦是几种禾谷类锈菌的边缘寄主(marginal host)(图 5.3),将对小麦叶锈菌有少许感病的、罕见的几个大麦基因型进行杂交,筛选到一个对小麦叶锈菌特别感病的大麦株系（Atienza et al.，2004）。这个株系对其他几种锈菌也表现感病，大麦通常被认为是这几种锈菌的非寄主。进一步将这个株系与对那几种锈菌表现免疫的普通大麦材料进行杂交，发现对那几种锈菌的免疫反应是多基因遗传的（参见 Jafary et al.，2008）。

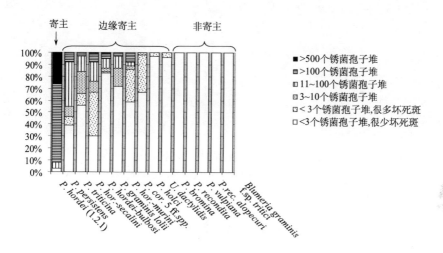

图 5.3　大麦对 14 种锈菌和一个白粉病菌专化型的反应。110 份大麦材料在苗期分别进行接种，根据第一片叶上的病斑（flecks）和锈菌孢子堆（pustules）数目划分感病组，计算每个感病组大麦材料的百分率（Atienza et al.，2004；R. E. Niks，未发表资料）。

5.3.6　非寄主抗性的机制

将不合适的病原生物接种非寄主植物时，观察到的抗性机制是多样化的。通常，在侵入的很早期就停止了。对于土传病原菌、线虫和其他有休眠结构的有害生物等，非寄主植物不能刺激和诱导其休眠体的萌发。

叶片病原菌的孢子在非寄主植物上能正常萌发，由气孔侵入的病原菌，如锈菌等，在许多非寄主植物上不能正确探测到气孔上方，在这些情况下，侵入过程会在孢子萌发后停止；假如病原生物能成功地侵入非寄主植物的气孔，或者直接穿透植物表皮细胞，其侵入过程会在侵入气孔后瞬间、或者侵入植物细胞时和侵入后失败。阻止病原生物穿透植物细胞壁通常和乳突的形成有关，如果真菌能成功地穿透植物细胞壁，植物组织通常会变成局部坏死（见 §5.4.1.1 和图 5.4）。这种坏死斑的诱发机制与过敏反应（hypersensitivity）的诱发机制是不同的（将在 §5.4.1 中讨论）。

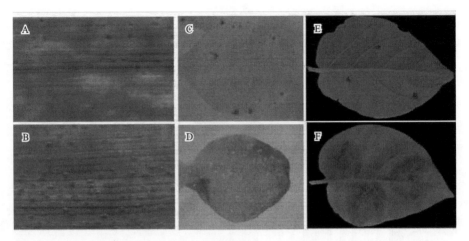

图 5.4　过敏反应型抗性植株（上排）和感病植株（下排）的三个例子。（A），（B）大麦锈菌；（C），（D）莴苣上的莴苣盘梗霉；（E），（F）马铃薯上的致病疫霉菌。

5.4　寄　主　抗　性

　　在一个寄主种内，并不是所有的基因型对同一个有害生物种的感病程度是一样的。当收集一个物种的所有基因型（包括品系、家系、无性系和栽培品种等）接种一种有害生物时，经常会观察到有些基因型似乎没有被感染，有些稍微有些感染，有些则是严重感染。

　　Q10：某植物育种家测试各地收集来的大量的黄瓜品种对烟粉虱、花叶病毒和白粉病菌的抗性，他进行三个独立的试验，分别测试它们对三种有害生物的抗性。

　　第一个试验：他把所有黄瓜材料种在温室，然后引入大量白蝇到温室里。几周以后，测定各材料单株幼苗上蛹的数目，发现不同材料间受到的侵扰的情况有很大的差异。

　　第二个试验：他用花叶病毒接种所有黄瓜材料，发现不同材料间病毒症状的严重度有非常大的差异。

　　第三个试验：他将大量白粉病菌分生孢子尽可能均匀地喷洒在不同黄瓜材料上，两周后，发现不同材料间受到的侵染量有非常大的差异。

　　问：每一个试验结果是否能反映寄主间在避害性、抗害性和耐害性的差异？

在下一节，本书将介绍植物寄主中发现的、最常见的两类抗性。

5.4.1　过敏反应型抗性

5.4.1.1　抗性机制

过敏反应是广泛存在的一类抗性机制，是植物受到活体营养型真菌、半活体营养型真菌、卵菌、细菌、病毒、线虫，甚至有些昆虫侵入时的一种反应。过敏反应是一种主动防御机制，在过敏反应过程中，病原生物侵入点周围的植物细胞坏死，同时阻止病原生物的生长，甚至将有害生物杀死。对形成吸器的病原生物，如锈菌和白粉病菌而言，总是在第一个吸器形成时或形成后，寄主细胞坏死，即吸器形成后的抗性（**post-haustorial resistance**）。过敏反应也总是和其他几种主动防御机制有关联，如植保素和病程相关蛋白的产生等（见§5.2）。在病原生物的侵入点上，通常会出现小的、肉眼可见的坏死斑（图 5.4），在侵入的很早期就发生快速过敏反应（fast hypersensitivity response），限定在一个或少数几个细胞，看不出侵入过程对植物组织有明显影响，这种现象被认为是**免疫**（**immune**）。如果抗性表达比较弱、过敏反应发生比较迟即迟缓过敏反应（slow hypersensitivity response），病原生物能有少量的生长和繁殖，但侵入点周围与感病的植株相比有更多的坏死和退绿。

以大麦对白粉病（*Blumeria graminis* f. sp. *hordei*）表现出的过敏反应型抗性为例说明。病菌分生孢子在抗病和感病植株上都可以萌发，产生初生和次生芽管，两者没有差别。次生芽管试图在表皮细胞，即细胞膜和细胞壁间形成吸器，通过吸器可以从寄主细胞中吸收养分。成功形成吸器时，会激发被侵入的寄主细胞发生过敏反应，植物细胞膜的渗透性增加，进一步引致细胞质渗漏等一系列反应，导致病原菌生长发育受阻。此外，侵入点周围的其他细胞通常也坏死，甚至在细胞内还没有形成吸器时就已经死亡了，坏死的植物组织会变成大小不等、肉眼可见的斑点。

过敏反应（HR）总是在第一个细胞内吸器形成后瞬间发生（见图 5.5 下排的番茄白粉病和图 5.6C 的大麦白粉病），或者只在真菌侵染斑形成的早期发生（见图 5.6B 的大麦白粉病菌和图 5.4A 的锈菌）。

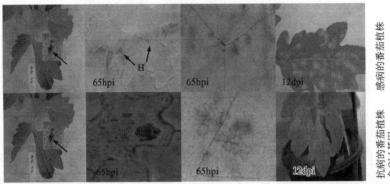

图 5.5　番茄和新番茄粉孢菌 (*Oidium neolycopersici*) 的病害系统。显示真菌孢子、吸器、菌丝、坏死细胞和病斑的微观与宏观图，上方：感病反应。从左到右分别是固定在叶片上的孢子，侵入后 65 小时 (hpi) 在表皮细胞内形成的吸器，在叶片表面的菌丝伸长，侵染 12 天 (dpi) 后真菌繁殖产生孢子；下方：过敏反应型抗性。从左至右分别是固定在叶片上的孢子，侵入后 65 小时 (hpi) 在表皮细胞形成吸器后坏死细胞，叶片表面的菌丝伸长和经溴酚蓝染色后的多个死亡的细胞和叶片上的坏死斑。

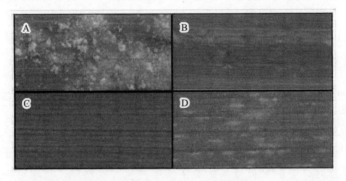

图 5.6　禾本科白粉病菌侵染大麦幼苗叶片产生的不同侵染型。(A) 亲和性侵染型，有大量孢子产生；(B) 延迟的过敏反应型，有少量菌落和孢子产生；(C) 非常早期的过敏反应型抗性，仅限于单个细胞的坏死，只能在显微镜下观察到；(D) 亲和性侵染反应型，但比 (A) 的侵染率低很多，是一种非过敏反应型抗性。

5.4.1.2　小种专一性

过敏反应型抗性的最显著特征之一是它的高度专一性。这种抗性不仅是病原生物种水平上专一，甚至是病原生物的某些基因型专一。寄主抗性有效作用的病原生物基因型被称为**无毒性**（**avirulence**），而抗性作用无效的病原生物基因型称为**毒性**（**virulence**）。把寄主不同基因型对病原生物的抗性水平设为 Y 轴，病原生物

的不同基因型设为 X 轴，做成的柱形图有很多垂直线，显示了两者的相互作用（图5.7），这类抗性也被称为**垂直抗性**（**vertical resistance**）（Van der Plank，1963）。

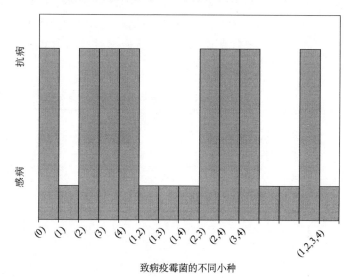

图5.7　马铃薯品种 Kemmebec 对致病疫霉菌小种专一性（垂直）抗性的示意图。沿 Y 轴表示抗性水平，沿 X 轴表示致病疫霉菌的不同小种（参考 Van der Plank，1963）。

育种家经常用采集到的一个病原生物的不同**菌株**（**isolates**）接种一个寄主种的大量种质资源。一个菌株就是病原生物或寄生物的标样，应尽可能以纯合的状态保存在植物或者培养基上，或者冷冻在液氮中。将病原生物的不同菌株**接种**（**inoculate**）一些明显不同的寄主基因型，可以发现每个菌株都有不同的**毒性谱**（**virulence spectrum**）。菌株的毒性谱是反映该菌株在一系列抗性品系或者专一抗性基因上表现毒性的范围。具有相同毒性谱的菌株被称为**小种**（生理小种，**race**），因此，小种是病原生物种或者**专化型**（**forma specialis**）内有相同毒性谱的菌株的集成。**复合小种**（**complex race**）指有广泛毒性谱的小种（见§5.4.1.3）。图5.7揭示了防卫反应实际上是一个非常专一的事件，仅有某些病原生物的基因型可以激发过敏反应，因此垂直抗性也被称为**小种专一性抗性**（**race-specific resistance**），这是本书倾向于用的一个术语。

在病毒和病原细菌中，一般用同义词"**生物型**"（**biotype**）这个术语代替小种，在病原线虫中，一般用"**致病型**"（**pathotype**）来表述。现在致病型这个术语也经常在病原真菌和卵菌中使用。

　　Q11：什么是小种？小种和**专化型**（**farma specialis**）之间的相同点和差别是什么？

Q12：在一个研究小麦壳针孢叶枯病菌（*Mycosphaerella graminicola*，以前称为小麦壳针孢叶枯病）专化性的试验中，将很多真菌菌株接在多个普通小麦（*Triticum aestivum*，六倍体）品种和硬粒小麦（*Triticum durum*，四倍体）品种上，表5.1数字代表被孢子堆覆盖的相对叶面积比例（%）（引自 G. H. J. Kema，未发表资料）。

表5.1　小麦壳针孢叶枯病菌专化性的试验结果

	Septoria isolate								
	IPO 86013	IPO 99015	IPO 95036	IPO 88004	IPO 94218	IPO 89011	IPO 02166	IPO 95052	IPO 86022
Bread wheat									
TA 4152-19	0	0	0	0	0		0	0	0
TA 4152-60	39	19	5	19	20	2	39	0	0
BR34	31	56	35	40	40	28	68	0	0
Grandin	18	17	43	10	38	30	27	0	2
Salamouni	33	15	10	24	0	14	25	0	0
Katepwa	55	51	54	5	46	48	12	0	0
Durum wheat									
Langdon 16	10	1	21	7	6	9	10	32	50
IsraelA	4	0	8	11	0	4	2	0	14
PI 478742	0	0	6	29	0	0	5	5	10
PI 481521	18	0	14	16	13	3	3	19	20
Altar84	3	0	4	16	0	0	2	20	24
Ben	12	24	10	30	12	11	15	38	34
PI 41025	3	0	26	27		27	0	31	14

问：这个试验结果可以鉴别出小麦壳针孢叶枯病专化性水平吗？
这些专化性水平应该用什么术语来表述？

5.4.1.3　基因对基因关系（gene-for-gene relationship）

如上所述，寄主植物的抗性只对病原生物的某些基因型有抗性（小种专一性，**race-specific**），这表明植物组织受到侵入后的最后结果，不仅取决于寄主植物的基因型，也与病原生物的基因型有关。过敏反应型抗性常常是一个显性基因，在一个二倍体的病原生物种上，毒性对无毒性是显性。许多病原生物，如白粉病菌、细菌和病毒等是单倍体，不合适用显、隐性的概念。相应地，这里提出控制无毒性的等位基因一般是指功能基因，而无毒基因对应的等位基因，即已知的毒性基因，都是功能丧失的（假基因）或者是缺失的基因。

20 世纪 40 年代，植物与病原生物之间的遗传关系被描述为"基因对基因"。Flor（1956）根据他在亚麻和亚麻锈菌上进行的遗传研究结果，首先提出了基因对基因关系的假设，该假设认为，针对寄主的每个抗性基因，病原生物中总有一个控制致病性（现在用毒性来表达）的基因。Flor 的定义中强调的是毒性，目前该假说通常强调无毒性，即寄主的抗性基因仅在侵入的病原生物携带有相应无毒基因时才有效。

过敏反应型抗性被认为是被相应无毒基因的产物所激发的。无毒性是病原生物的一个特性，它不能侵入寄主的原因是由于寄主有一个或者多个基因的有效抗性。按照基因对基因假说，这种互作是非常专一的，抗性基因的产物和无毒基因的产物互相能够很好地匹配。

假如寄主植物有两个过敏反应型抗性位点——$R1$ 和 $R2$，两个抗性位点可能有抗性等位基因（显性、有功能的基因 $R1$ 和 $R2$），或者感病型等位基因（隐性、无功能的基因 $r1$ 和 $r2$）。抗病基因仅对携带相应无毒基因的病原生物有效果，即对 $R1$ 来说，它是 $Avr1$，对 $R2$ 来说，它是 $Avr2$（表 5.2）。病原生物无毒基因的等位基因是毒性基因（这里表示为功能丧失或者缺失体 $avr1$ 和 $avr2$）。毒性基因不能在寄主体内激发抗性反应，事实也的确如此。

寄主品种和病原生物菌株间的基因组合决定了两者的关系是**亲和性反应**（**compatibility**，侵入成功，用"＋"表示）的，或者**非亲和性反应**（**incompatibility**，由于植物的抗性反应，用"－"表示）。

植物**抗病性**（**resistance**）和感病性两个术语分别用来强调植物的反应；同样，无毒性的和**毒性的**（**virulence**）两个术语分别用来描述病原生物的特性。无毒基因编码的蛋白通常被假定具有效应分子的功能（参见图 5.1 和图 5.2），然而却能调控寄主细胞的功能而导致致病过程（pathogenesis）。

一些死体营养型病原生物，如小麦上的小麦叶斑病菌（*Stagonospora nodorum*），侵染寄主后会产生寄主专一性毒素（也称为寄主选择性毒素），从而引起寄主细胞坏死。由于这些毒素对病原生物的成功致病有作用，所以也被称为效应分子。但它们对大多数其他植物是无害的，它们不仅是寄主种水平专一，有些甚至也只对寄主的某些基因型有作用。大多数情况下，寄主对毒素的敏感性是显性的，暗示了寄主基因的产物是毒素的受体。这个结果正好和前面描述的植物-病原生物系统中的基因对基因关系相反（Friesen et al.，2008）：受体/毒素的识别导致了坏死，是感病性作用；缺少受体或者受体被修饰、缺少毒素或者毒素被修饰时，都将导致抗病作用。因此，这些抗病性大多数是隐性的，如番茄对链格孢菌（*Alternaria alternata*）的抗性（Van der Biezen et al.，1995）。

Q13：根据表 5.2 的资料推理，寄主受到携带相应专一性无毒基因的病原生物基因型侵染时，发生不亲和反应的情况。

提示：带有 R1R1r2r2 的寄主，受到基因型为 Avr1 avr2 的病原生物侵染时，表现抗病反应，这是由于虽然一个基因对 r2-avr2 会导致感病反应，但另一对基因 R1-Avr1 会导致抗病反应。因此，只要有一个 R-Avr 匹配，就能使植物表现抗病，其他基因组合如 r-Avr、R-avr 或 r-avr 都不影响抗性的表达。

表 5.2　寄主植物两个过敏反应型抗病基因位点和病原生物两个无毒性基因位点间的基因对基因关系

寄主	病原生物			
	Avr1 Avr2	avr1 Avr2	Avr1 avr2	avr1 avr2
r1r1 r2r2	+	+	+	+
R1R1 r2r2	−	+	−	+
r1r1 R2R2	−	−	+	+
R1R1 R2R2	−	−	−	+

注：方框标出鉴别性相互作用（differential interaction）。每个基因位点都各有两个等位基因，感病/毒性的等位基因位点用小写字母，抗性/无毒性的等位基因位点用大写。这里的寄主植物是同源二倍体、自花授粉，病原生物是单倍体，如子囊菌亚门的白粉病菌一样。+表示一种亲和性（感病）反应，−表示一种不亲和（抗病）反应。

Q14：在一个二倍体的自花授粉作物中，已知有四个抗病基因 R1～R4，与一个单倍体病原生物的无毒基因符合基因对基因关系，显性等位基因分别负责抗性和无毒性，所有基因都是完全表达的主基因。在表 5.3 中，请标出哪一些菌株是亲和性（+）的，哪些是不亲和性（−）的。

表 5.3

品种	基因型	菌株 A	菌株 A	菌株 A	菌株 A
		Avr1avr2	avr1avr2	Avr1avr2	Avr1Avr2
		avr3avr4	Avr3Avr4	avr3Avr4	Avr3Avr4
Jetta	R1R1R2R2r3r3r4r4				
Uno	r1r1r2r2R3R3R4R4				

1）基因对基因关系的分子基础

不断增加的科学研究证据表明，抗病基因是显性、无毒基因是显性，两者编码的产物涉及专一性的识别，激发过敏反应型抗性（图 5.8）。

图 5.8　分子水平上基因对基因互作的示意图。中间给出了抗病基因 *R1* 和 *R2* 的产物，它们形状上的差异表明它们只与病原生物中对应特殊的无毒基因产物互作。在互补情况下，激发过敏反应（HR）。无毒基因简单的功能丧失，并突变，从 *Avr* 变成 *avr*，阻碍了互作，因此，不会发生过敏反应。

专一性的识别可能发生在细胞膜上或细胞质内。如果病原生物无毒基因上有一个突变导致无毒基因变为毒性等位基因，则没有无毒基因产物，或仅有突变了的无毒基因产物。因为缺少了有功能的无毒基因产物，在植物细胞上将没有识别，也将不会有过敏反应型抗性被激发，植物会被病原生物成功侵入，两者之间是亲和性作用。

在番茄-番茄叶霉菌（*Cladosporium fulvum*）互作系统中，已经克隆并鉴定了抗性基因 *Cf2*，*Cf4*，*Cf5*，*Cf9* 和无毒基因 *Av4*，*Av9*（De Wit，2000）。以后又从不同植物-病原生物系统中分离了更多的抗性基因 *R* 和无毒基因 *Avr*，这些识别系统都有一些显著的特征：

（1）在大多数情况下，无毒基因产物和相应抗性基因产物之间没有直接的结合。一般认为，抗性蛋白在三方模式（tripartite）中起作用（Van der Hoorn et al.，2002），是保护寄主的特异因子（它是病原生物效应分子的靶标，被称为毒性靶标），它可以监测病原生物效应分子引起的修饰作用。这种作用称为"警戒模型"（guard model）。

（2）许多抗性基因显示了很高的同源性。不同种的植物中抵抗不同病原生物的大多数抗性基因编码的蛋白质都有 2～3 个结构域（Dangl，Jonathan，2001；Takken et al.，2006），根据蛋白质中这些结构域的存在，抗性基因可以分成四类（表 5.4）。

（3）无毒基因产物（效应分子）之间没有显著的同源性，即使无毒基因 *Avr4* 和 *Avr9* 都是从番茄叶霉菌中分离的，也没有显著的同源性。这是非常奇怪的，因为它们相应的抗病基因 *Cf4* 和 *Cf9* 产物有 91% 以上的氨基酸一致性（De Wit，2000）。但是，有趣的是，卵菌疫霉（*Phytophthora*）病原生物的效应分子都含有一个特殊的保守基序 RXLR（Arg-X-Leu-Arg，这里 X 代表任意氨基酸）。迄今，鉴定的所有卵菌的无毒基因编码有模式结构的 RXLR 效应分子，N 端结构域含有信号肽和 RXLR 基序（项保内传递所必需的功能域）。快速进化的 C 端的功能域决定了效应分子在细胞内的活性。在马铃薯致病疫霉菌的基因组中，已经预测了 563 个 RXLR 类基因。

（4）携带抗性基因 *Cf9* 的番茄品种有毒性的叶霉菌菌株，是由于在 *Avr9* 位点上缺失突变（携带 *avr9* 等位基因），而 *avr4* 等位基因可能来源于 *Avr4* 基因的一个或者几个点的突变。这些点突变可能改变了 *Avr4* 基因编码的蛋白质结构，这些蛋白质结构的特征是抗性基因 *Cf4* 识别所需要的（De Wit，2000）。

表 5.4　最早鉴定的四类抗病基因及其代表性基因

类型	蛋白质模型	抗病基因	植物	病原生物	无毒基因
1	NBS-LRR	*RPS2*	拟南芥	丁香假单胞菌（*Pseudomonas syringae*）	*AvrRpt*
		RPM1	拟南芥	丁香假单胞菌（*Pseudomonas syringae*）	*AvrRpm1/avrB*
		I-2	番茄	尖孢镰刀菌番茄专化型（*Fusarium oxysporum* f. sp. *lycopersicon*）	*avr2*
2	LRR	*Cf2*	番茄	番茄叶霉菌（*Cladosporium fulvum*）	*Avr2*
		Cf4			*Avr4*
		Cf5			*Avr5*
		Cf9			*Avr9*
3	Protein kinase	*Pto*	番茄	丁香假单胞菌（*Pseudomonas syringae*）	*AvrPto*
4	LRR-protein Kinase	*Xa-21*	水稻	水稻白叶枯病菌（*Xanthomonas oryzae*）	all races

注：第一类是已知的最大的一类抗病蛋白，含有核苷酸结合位点、富含亮氨酸重复结构域（NBS-LRR）。这类基因可以根据 N 端是否存在 TIR（Toll/Interleukin-1，受体）和 CC（Coiled-coil）基序进一步分为亚类。第二类的特征是有胞质外固定在细胞膜上的 LRR 蛋白和一个短的 C 端尾。第三类含有胞质丝氨酸蛋白激酶。第四类是有明显的胞外 LRR 结构域和一个胞内丝氨酸激酶功能域。

2）基因对基因假说的关键是无毒性

正如 §5.4.1.3 提到的，基因对基因假说最初的意思（寄主中每一个控制抗性的基因，在病原生物中都有一个专一的控制毒性的基因）不是很确切的。在替换的模式（假说）中有两点争议，都强调无毒性。

（1）通常，一个抗性基因能有效地抵抗病原生物的所有菌株时，病原生物群体中对应的无毒基因的等位基因频率就为1，这意味着病原生物中还没有毒性等位基因存在。但是，也存在抗性基因产物和无毒基因产物之间的基因对基因互作关系。

Q15：讨论：这里的一个抗性基因是小种专一性的吗？

（2）抗性的专一性是由于抗性基因和无毒基因之间的作用，而不像Flor最初所假设的那样是抗性基因和毒性基因之间导致的。他还提出毒性等位基因主动地使所匹配的抗性基因中性化，从而使抗性丧失的观点。

3）基因对基因关系的示例

基因对基因关系所揭示的是"寄主基因型和病原生物菌株之间存在鉴别性相互作用"，根据观察到的侵入量，这种鉴别性相互作用反映了品种和菌株之间完全相反的侵染结果（表5.2）。基因对基因关系可以通过三点得以证明：①当寄主中存在两个或两个以上主效抗病基因时；②当病原生物中存在两个或两个以上主效无毒基因时；③当这些抗性基因和无毒基因专一性的组合导致鉴别性相互作用的产生时（表5.2）。

大多数情况下，植物育种家不知道他使用的各个育种材料中存在哪一个抗病基因，他也不知道试验中使用的病原菌菌株中是哪一个无毒基因。因此，证明基因对基因关系并不是那么直接的，要借助完整的遗传分析。然而，进行这种遗传分析经常是很难的，尤其是病原菌不能进行常规的杂交时。很多病原菌是无性生殖的，很难诱导它们进行有性生殖，如番茄叶霉菌，新番茄粉孢菌（*Oidium neolycopersici*），轮枝菌（*Verticillium*）和镰孢菌（*Fusarium*）等真菌以及植物病原细菌和病毒等。在这些植物-病原生物系统中，如果寄主的抗性是单基因遗传的，且在用病原生物不同株系接种植物不同基因型试验时，存在鉴别性相互作用，则可以推断存在基因对基因互作关系的观点似乎是有道理的（表5.5）。

表5.5　4个马铃薯 X 病毒株系在4个马铃薯品种上的反应型

品种	抗性基因	病毒株系			
		1	2	3	4
Arran Banner	*nx nb*	＋	＋	＋	＋
Epicure	*Nx nb*	－	＋	－	＋
Arran Victory	*nx Nb*	－	－	＋	＋
Craig's defiance	*Nx Nb*	－	－	－	＋

注：＋表示系统性侵染，感病反应；－表示局部坏死反应，过敏反应型抗性（Cockerham，1955）。

　　分子生物学研究已经进一步证实植物-病原细菌（丁香假单胞菌和黄单胞菌）的基因对基因假说（Staskawicz et al.，1984；Shintaku et al.，1989）。在细菌中不可能进行经典的遗传研究，因为细菌和病毒都没有有性生殖，可以用基因敲除的突变体和目标基因的转化试验进行类似的研究。

　　迄今，已经在雷尔氏菌、黄单胞菌和假单胞菌（*Pseudomonas*）等细菌中发现了 50 多个效应分子家族。单个菌株就可能含有 40 多个有功能的效应分子，当将这类效应分子基因转化为细菌的毒性菌株时，它们对携带相应抗性基因的寄主基因型变成了无毒性。

已经在至少 50 多个植物-病原生物系统中鉴定或者推断了存在基因对基因互作关系。病原生物主要属于研究得比较深入的植物病原真菌，如白粉病菌、霜霉菌、锈菌和卵菌的致病疫霉菌等。然而，对另一些完全不同的生物，如病毒、细菌、高等寄生植物（*Orobanche*）和昆虫（小麦黑森瘿蚊）等，也已经证明存在基因对基因的互作关系（表 5.6 和表 5.7）。

5.4.1.4　抗性遗传

　　在 §5.4.1.3 有关基因对基因互作关系的例子中，抗性位点用 R 跟一个位点序号作后缀来表示（见表 5.2 和练习 Q14）。实际上，在许多植物-病原生物系统中，发现寄主植物中有几个抗性基因，它们可以保护植物免受与之互作的病原生物的侵入，每个基因都能保护植物完全抵抗病原生物（表 5.6），每个植物-病原生物系统中抗性基因的数目可能有数十个。在有些植物-病原生物系统中，可能还没有发现抗病基因，如花生对花生锈菌（*Puccinia arachidis*）、甜菜对甜菜胞囊线虫（*Heterodera schachtii*）、葡萄对葡萄霜霉病菌（*Plasmopara viticola*）。

表 5.6　一些植物-病原生物系统中鉴定的过敏反应型抗性基因数目和小种数目

作物	寄生物/病原生物	数目	
		抗性基因	小种
大豆	疫霉根腐与茎腐病/大豆疫霉菌（*Phytophthora sojae*）	14	许多
莴苣	霜霉病/莴苣盘梗霉（*Bremia lactucae*）	>45	许多
菠菜	霜霉病/菠菜霜霉病菌（*Peronospora farinosa* f. sp. *spinaciae*）	>3	10
马铃薯	晚疫病/致病疫霉菌（*Phytophthora infestans*）	>20	许多
咖啡	咖啡锈病/咖啡锈菌（*Hemileia vastatrix*）	9	>30
番茄	叶霉病/番茄叶霉菌（*Cladosporium fulvum*）	>10	>10
番茄	维管束萎蔫病/尖孢镰刀菌番茄专化型（*Fusarium oxysporum* f. sp. *Lycopersici*）	3	3

续表

作物	寄生物/病原生物	数目	
		抗性基因	小种
亚麻	锈病/亚麻锈菌（*Melampsora lini*）	>30	许多
大麦	云纹病/麦云纹病菌（*Rhynchosporium secalis*）	16	许多
大麦	叶锈病/大麦锈菌（*Puccinia hordei*）	19	许多
大麦	白粉病/大麦白粉病菌（*Blumeria graminis* f. sp. *hordei*）	>85	许多
小麦	叶锈病/小麦叶锈菌（*Puccinia recondita* f. sp. *tritici*）	>60	许多
小麦	黑森瘿蚊/小麦黑森瘿蚊（*Mayetiola destructor*）	>30	16[a]
燕麦	冠锈病/禾冠柄锈菌（*Puccinia coronata*）	>40	许多
玉米	锈病/玉米柄锈菌（*Puccinia sorghi*）	>25	许多
水稻	稻瘟病/水稻稻瘟病菌（*Magnaporthe oryzae*）	50	许多
水稻	白叶枯病/水稻白叶枯病菌（*Xanthomonas oryzae*）	30	许多

a 昆虫中的小种被称为生物型。

表 5.7 一些有复等位基因的位点上已知的抗性等位基因数

病原生物	寄主植物	抗性位点	等位抗性基因数/位点
亚麻锈菌（*Melampsora lini*）	亚麻	*K*，*L*，*M**，*N**，*P*	2，13，7，3，5
禾本科白粉病菌（*Blumeria graminis*）	大麦	*Mla*	>21
禾本科白粉病菌（*Blumeria graminis*）	小麦	*Pm3*	3
禾谷类锈菌（*Puccinia graminis*）	小麦	*Sr7*，*Sr9*	2，6
玉米柄锈菌（*Puccinia sorghi*）	玉米	*Rp1**，*Rp3*，*Rp4*	14，6，2
小麦叶锈菌（*Puccinia recondite*）	小麦	*Lr2*	4
条锈菌（*Puccinia striiformis*）	小麦	*Yr3*，*Yr4*	3，2
水稻稻瘟病菌（*Magnaporthe grisea*）	水稻	*Pi-k*，*Pi-ta*，*Pi-z*	4，2，2
番茄叶霉菌（*Cladosporium fulvum*）	番茄	*Cf4/Cf9* Cf2/Cf5**	2，2
烟草花叶病毒（*Tabacco mosaic virus*）	辣椒	*L*	4

* 这些位点实际上是非常紧密连锁的抗性基因（复合位点）。

　　根据**基因对基因互作关系**（**gene-for-gene relationship**）的结果，如果一个寄主植物种内有 80 多个不同的抗性基因针对一个病原生物种（表 5.4），则病原生物种内应当存在相同数目的效应分子基因（控制无毒性），这种情况已经被证明是存在的。另外，在每个植物材料中，大多数的抗性位点被等位的感病基因所取代，因此，每个寄主植物材料通常只在 0，1 或者 2 个位点上，携带对一个特定病原生物有功能的抗病等位基因。

　　然而，在病原生物方面，大多数的无毒基因位点上是有功能的效应分子等位基因，虽然也常见有 5～10 个毒性等位基因的病原生物基因型。

抗病基因的数目常常比已知的抗性位点数目要多，这是因为每个抗性位点可能有几个等位基因存在（复等位基因系列），即在不同的植物基因型中，同一个染色体位点上可能带有功能不同的 R 基因（表 5.5）。在 R 基因位点，实际上存在一簇非常相似的 R 基因类似序列，有些序列可能是假基因，有些可能是潜在的有功能的等位基因（但对已经测试的病原生物菌株没有表现出抗性），这些位点称为复等位位点（**复合位点，complex loci**）。

番茄第 11 染色体的 *I-2* 位点控制对尖孢镰刀菌番茄专化型（*Fol*）2 号小种的抗性。在这个位点，*IC2-1* 和 *I2C-5* 两个基因控制不完全抗性，*I2C-K* 对 2 号小种表现完全抗性（Sela-Buurlage et al.，2001）。对番茄其他几个位点，如第 1 和第 6 染色体 *Cf* 位点（Parniske et al.，1999；Dixon et al.，1996）、第 6 染色体上的 *Mi-1* 位点（Seah et al.，2004）进行分子生物学分析，结果也揭示了这些位点存在串联排列的多基因家族。

分子遗传学研究表明，即使在寄主的感病基因型中，在这些复合位点也存在抗病基因的同源序列，只是还不知道这些同源系列的功能。可能通过突变或者不对称交换（unequal crossing over）和基因内重组（intragenic recombination）等使这些无功能的基因产生新的抗病基因。

DNA 序列分析表明，在这些复合位点内的同源基因间经常发生不对称交换，这种交换可以发生在基因间（发生在同源序列之间的序列），或者基因内（发生在同源序列内的序列）。无论同源序列之间的序列交换还是同源序列内部的序列交换，都会使复合位点内同源序列数目改变，此外，基因内的交换可能导致同源序列的重排，从而产生新的同源序列组合。在这种情况下，还不清楚这些同源序列之间是否是相互等位的。玉米抗锈菌的一个复合位点 *Rp*1 含有一个紧密连锁的同源序列家族，由于减数分裂排列过程中的误配，导致重组事件，产生新的单倍体型（Sun et al.，2001）。在 *HRp*1-*D* 单倍体型中，*Rp*1 位点携带抗病基因 *Rp*1-*D* 和 8 个旁系同源序列（paralogue，种内复制产生的同源序列）。序列比较分析表明，旁系同源系列间有 91%～97% 的 DNA 同源性，这也提供了证据，即旁系同源序列间过去发生过重组事件。在 *HRp*1-*D* 单倍体型中，出现 *Rp*1-*D* 抗性功能完全或者部分丧失的感病突变体，最有可能是在编码区（基因内部）发生了不对称交换。

经常发现，一组对一种病原生物有抗性的多个抗病基因的位点，在其几个 cM 区间内也会含有对多种病原生物有抗性的抗病基因。

在大麦染色体 1H 的长臂上，至少有 6 个位点决定了对大麦白粉病菌（*Blumeria graminis* f. sp. *hordei*）的反应。*Mla* 位点是其中之一，与之连锁的一个位点对大麦锈菌有抗性。

在玉米种也发现存在这类对不同病原生物有作用的连锁的抗性基因，玉米的抗病复合位点 *Rp1* 和 *Rp5*、*Rp6* 和 *Rpp9* 等均在第 10 染色体短臂上的大约 3cM 区间内，*Rp* 位点控制对玉米柄锈菌的抗性，*Rpp* 位点控制对多堆柄锈菌（*Puccinia polysora*）的抗性。

在番茄第 6 染色体短臂上，*Mi-l* 基因族和 *Cf2* 基因族、*Ol-4/6* 基因族是连锁的，*Mi-l* 基因控制了对三种不同病原生物的抗性，包括根结线虫（*Meloidogyne*）、蚜虫和烟粉虱（Nombela et al.，2003）。*Cf2* 基因控制对番茄叶霉菌的抗性（Dickinson et al.，1993），*Ol-4* 和 *Ol-6* 控制对番茄白粉病的抗性（Bai et al.，2005）。

一般地，可以通过接种研究和遗传分析两类试验提供证据，证明对一种病原生物是否存在不同位点的抗病基因。

大多数等位的抗病基因只对一种病原生物的一些基因型有抗性（见 §5.4.1.2）。通常，不同的抗性等位基因之间对病原生物不同株系的抗谱是不同的，但是，当用一系列的株系接种植物的两个基因型时，它们可能对这些株系的抗、感性表现一样，这并不表明这两个基因型携带相同的抗性基因。显然，接种试验中，使用的株系越少，发现寄主两个基因型间可能存在的**小种专一性**（**race-specificity**）差异的概率越小（表 5.8）。明显没有任何抗病基因的寄主材料被称为普感材料。在接种试验中，这些材料作为阳性对照很有价值，它可以帮助研究者判断接种和病原生物侵入寄主的条件是否合适；在抗性遗传分析试验中，它们也可以用作亲本。

表 5.8 列出了已经报道有大麦锈菌抗病基因 *Rph* 的几个大麦品种（见 5.4.1.6），品种 Sultan 就是一个普感品种，大多数抗病基因 *Rph* 有不同的抗谱。但是，相同的抗谱也并不一定表示它们的抗病基因就是相同的。如果研究者没有用肯尼亚 8 号菌株，则 *Rph3* 和 *Rph7* 的抗谱可能碰巧是一样的。另外，这两个基因分别位于染色体 7HL 和 3HS，也有力地支持了它们是不同的基因。

为了准确判断植物基因型间拥有相同的还是不同的抗性基因，进行遗传分析及等位性试验是必须的。对 F_2、F_3 和 BC 群体进行接种，可以判断抗性是由相同位点还是不同位点决定的。如果没有发现重组（可能是绝对连锁），而两个亲本的小种专一性模式又不同，则可以认为它们的抗病基因是在同一个位点上。当用更大的分离群体试验时，也没有发现重组，这两个抗病基因就可能是复等位基因。

表 5.8　大麦品种对大麦锈菌的鉴别系统

大麦品种	Rph 基因 （基因的染色体位置）	大麦锈菌菌株					
		1.2.1＝F Neth	13 Crete	28 Morocco	8 Kenya	A UK	22 France
Sultan	无 Rph 基因	＋	＋	＋	＋	＋	＋
Sultan	Rph-1（2H）	＋	＋	＋	－	＋	－
Peruvian	Rph-2（7HS）	＋	＋	＋	＋	－	＋
Ribari	Rph-3（7HL）	－	－	＋	＋	－	－
Gold	Rph-4（1HS）	＋	＋	＋	＋	－	＋
Quinn	Rph-2＋Rph-5 （7HS＋3HS）	＋	＋	＋	－	－	＋
Bolivia	Rph-2＋Rph-6 （7HS＋3HS）	＋	＋	＋	－	－	＋
Cebada Capa	Rph-7（3HS）	－	－	＋	－	－	－
Egypt IV	Rph-8（?）	＋	＋	＋	＋	－	＋
Ci1243	Rph-9（5HL）	－	－	－	－	－	－

注：对大麦锈菌表现过敏反应型抗性的抗病基因表示为 Rph，在温室苗期进行接种试验。"＋"表示亲和性反应（感病），"－"表示不亲和性反应（抗病或者中抗）。

Q16：为了研究 3 个水稻品种对稻瘟病菌的抗性，进行了几次亲本配组，用几个稻瘟病菌株进行后代的抗性试验。病情为质量性状："＋"指亲和性；"－"指不亲和性，3 个品种的抗病反应如表 5.9 所示。品种 A 和品种 B 以及品种 A 与品种 C 杂交的所有 F_2 群体用相应菌株接种时，呈现 3R：1S 分离比。例如，用 2 号菌株或 3 号菌株接种时，品种 A 与品种 C 杂交的所有 F_2 单株呈现 3R：1S 分离比；而品种 B 和品种 C 杂交的 F_2 单株用 3 号菌株接种时，所有单株都抗病，没有分离。

表 5.9　关于 3 个水稻品种对稻瘟病菌的抗性实验

水稻品种	稻瘟病菌菌株		
	1	2	3
A	＋	＋	＋
B	－	＋	－
C	＋	－	－

分析 3 个水稻品种的抗性和病原菌无毒性的遗传，假定它们符合基因对基因的关系；基因对基因关系有可能吗？请解释。

Q17：如果不清楚寄主植物基因型的抗性遗传和病原生物菌株的无毒性遗传，接种试验结果可以提供其遗传特性的初步线索。至少可以判断最少有多少个抗性基因存在，下面的例子可以解释这一点。

用 5 个亚麻锈菌菌株接种 5 个亚麻品种，结果（表 5.10）在寄主和病原菌之间显示清晰的亲和性（＋）和不亲和性（－）差异。

表 5.10　用 5 个亚麻锈菌菌株接种 5 个亚麻品种的结果

亚麻品种	亚麻锈菌菌株				
	1	2	3	4	5
Pinto	＋	＋	－	＋	＋
Pemon	－	＋	－	－	＋
Marco	－	－	＋	＋	－
Vesuvius	－	＋	＋	－	＋
Clara	－	－	－	－	－

5 个亚麻锈菌菌株至少代表了多少个小种？有可能符合基因对基因关系吗？推测至少需要多少个不同的抗病基因才能解释这些结果。

Q18：在一个莴苣的育种计划中，测试了许多莴苣品系对莴苣盘梗霉的抗性，在尽可能一致的条件下接种植株，以出现分生孢子器的叶片大小来衡量受侵染的面积，试验重复 4 次，受侵染的平均叶面积大小如表 5.11 所示。

表 5.11　关于莴苣品系对莴苣盘梗霉的抗性测试结果

莴苣品系	莴苣盘梗霉菌株				
	1	2	3	4	5
A	0	0	0	1	0
B	20	1	22	19	19
C	10	9	13	10	9
D	30	33	37	28	30
E	0	0	35	23	23

（1）有证据显示这些材料是小种专一性抗性吗？

（2）如何判断 A 品系携带多少个针对 1 号菌株的抗病基因？

（3）如何判断 E 品系对 1 号菌株的抗性是否与 A 品系对该菌株的抗性由同一个抗性基因在起作用？

5.4.1.5　抗性表达的表型

不同抗性基因之间表达后导致的表型可能有很大的差别。抗性基因表达最主要的是等位基因本身的特性，等位基因所在的遗传背景对基因的表达仅仅是一些修饰作用。值得注意的是，抗性等位基因只作为抗性反应的一个"开关"起作用，而抗性反应本身要依靠许多植物基因才能完成，这构成了过敏反应过程（见§5.4.1.1）。

有些抗性基因，如番茄中的番茄叶霉菌的基因 *Cf1*，只有弱的、不完全抗性。有些抗性基因仅仅在成株期才有效果，小麦对秆锈病的抗性基因 *Sr2* 就是这种情况。还有一些抗性基因在较高温度下没有效果，如在 26℃ 时，小麦的抗性基因 *Sr6* 没有抗性，有些基因在较低温度下没有抗性，如在 15℃ 时，小麦抗性基因 *Sr14* 没有抗性。在小麦抗条锈病基因中，温度依赖性表达的抗病基因也很普遍。有些抗性基因在病原生物发育早期有作用，有些可能要到病原生物发育晚期才有效果（见§5.4.1.1）。

决定或者修饰抗性基因表达表型的因素有以下几个：①抗性基因本身，如番茄抗番茄叶霉菌的 *Cf1* 基因是不完全抗性，而 *Cf2* 基因是完全抗性；②遗传背景，大麦抗叶锈病基因 *Rph3* 在品种"Ribari"背景下表现完全抗性，而在品种 L94 背景下表现不完全抗性；③病原生物菌株的遗传型，尤其是那些无毒性位点是杂合、或者纯合时；④植株的发育时期；⑤环境因素，如温度；⑥寄主的组织类型等。马铃薯品种 Toluca 携带的抗晚疫病菌基因 *Rpi-blb2* 在叶片中有抗性作用，而在薯块中没有作用。

近年来，关于抗性基因抑制因子或者抗性所必需的基因的报道越来越多，这些基因通常是通过诱变而鉴定得到的。当然，诱变会破坏抗性基因，产生感病的突变体，但有时鉴定的感病突变体有完整的抗病基因，所以可能在基因组的其他地方发生突变，这样的突变基因被称为抗性所必需的基因。也有些例子，是感病的植株被突变成了抗病植株，这种情况下，被突变的可能是一个感病因子：野生型的等位基因编码一个病原生物成功侵入所必需的因子。在异源多倍体小麦中，抗病材料与感病材料杂交［如抗病的粗山羊草（基因组 DD）与感病的圆锥小麦（*Triticum turgidum*，基因组 AABB）杂交］常常产生感病的杂种。对于这种现象，假定"抑制基因"的存在，抑制基因会阻止过敏反应型抗性的表达。一般假设控制过敏反应的基因作为"开关"蛋白起作用（见§5.4.1.2和§5.4.1.5）。如果基因的产物专一性地识别病原生物的信号，然后遵循"信号传导途径"，导致植物体内一系列的生理反应，负责细胞程序性死亡、植保素和病程相关蛋白合成等。水杨酸（SA）、茉莉酸（JA）和乙烯（ET）等都是研究比较深入的信号分子，在"信号传导途径"中起关键作用。抑制基因和抗性所必需的基因可能在相互识别过程、信号传导途径和（或）防卫基因表达过程中起作用。

当然，有些抑制基因是抗性基因 R 专一性的，而有些基因似乎能抑制几个甚至所有的抗性基因。

Chong 和 Aung（1996）报道了一个非常有趣的现象，即燕麦-禾冠柄锈菌中的 R 基因抑制现象。他们在燕麦中引入了一个新的抗病基因 Pc94，为了研究这个基因是否与其他有重要商业价值的 Pc 基因，如 Pc38 等，在同一个位点上，把 Pc94 品系与携带抗病基因 Pc38 的品系杂交，F_1 代植株对一个不侵染 Pc94、侵染 Pc38 的菌株是感病的。由于在其他杂交组合中已经证明 Pc94 是显性的，用对 Pc94 和 Pc38 两个基因都是无毒的一个菌株对 F_2 代植株接种，抗感分离比是 15∶1。进一步对 108 个 F_3 家系重复接种两次，一次是用能侵染 Pc38、不能侵染 Pc94 的 Avr94 小种接种，另一次用能侵染 Pc94、不能侵染 Pc38 的 Avr38 小种接种，各家系记载为感病、分离和抗病三种类型，结果如表 5.12 所示。

表 5.12　燕麦-禾冠柄锈菌中的 R 基因抑制现象

Avr38 小种的反应	Avr94 小种的反应			
	抗病	抗感分离	感病	总计
抗病	0	0	27	27
抗感分离	0	34	22	56
感病	6	14	5	25
总计	6	48	54	108

F_3 家系对 Avr38 的反应正好符合 1∶2∶1 的分离比（见最右边一栏），而对 Pc94 无毒性小种 Avr94 的分离比严重偏离其 1∶2∶1 的理论分离比（见底部一行）。显然 Pc94 抗性基因在 Pc38 抗性基因存在时没有表达，根据表 5.12 资料推测：Pc38 基因本身或者与之紧密连锁的一个其他基因抑制了 Pc94 的表达。Jorgensen（1988）用突变方法研究大麦品种 Sulta5 的抗性，该品种携带抗白粉病的基因 Mla-12，在诱变后代中，它发现了 15 个感病的突变体，把这些突变体与普感品种 Carlsberg 杂交，发现 15 个突变体中，有 13 个是诱变作用破坏了 Mla-12 基因，因为它们与 Carlsberg 杂交后代中的所有个体都是感病的；但是，在另外两个突变体与 Carlsberg 杂交的后代中，发现有一些个体的 Mla-12 基因仍然是有抗性的，说明这两个突变体中的 Mla-12 基因是完整的。对此现象，最合理的解释是：两个感病突变体中，在信号传导途

径或者在防卫反应本身起重要作用的一个基因被诱变作用破坏了。这个基因并不和 *Mla-12* 连锁，这是抗性所必需的基因的经典例子。

Q19：两个都是纯合的寄主基因型杂交，它们携带一个相同的主效、显性、过敏反应型抗性基因。其中一个基因型携带一个显性抗性抑制基因，而另一个基因型在抗性抑制基因位点上是隐性等位基因，不干扰抗性的表达。

(1) 用携带相应无毒性基因的菌株，接种两个基因型的杂交 F_1、F_2 代植株，期望的抗感分离比是什么？

(2) 如果不知道存在抑制基因，描述亲本和其后代的抗性差异仅仅是由抗性位点变异引起的，那么有关抗性遗传的结论是什么？

5.4.1.6　抗性基因的命名

虽然不是所有的，但大多数单基因控制的抗性是过敏反应型抗性，按照孟德尔方式遗传。一般所用的基因符号参照该基因所抵抗的有害生物，既可能参照的是病原生物的学名，也可能是英文名称。

例如，小麦上的 *Yr* 基因是抗条锈病（yellow rust，由条锈菌引起）的，番茄上的 *Cf* 基因是抗番茄叶霉菌的。在有些植物-病原生物系统中，也用另一个传统的基因命名法，如亚麻对亚麻锈菌的抗性基因是按照它们所在的遗传位点进行命名（*K*、*L*、*M* 等），马铃薯抗致病疫霉菌的基因以前简单地称为 *R*，现在表示为 *Rpi*（对致病疫霉菌的抗性）。

和遗传学上情况一样，所有大写字母的抗性基因用来表示显性的等位基因，小写字母表示隐性等位基因。

因此，在抗性是隐性时，如高粱对土传的死体营养型病原生物拳须黑团孢（*Periconia circinata*）引起的 Milo-病的抗性，抗性基因型表示为 *pc pc*，而感病基因型是 *Pc Pc* 或者 *Pc pc*。有趣的是，感病基因产物是 NBS-LRR 型的，可能是寄主专一性毒素的受体（Nagy，Bennetzen，2008），这是与§5.4.1.3介绍的基因对基因互作反应正好相反的一个例子。

遗传学上用单个符号表示每个遗传位点。因为对一种有害生物的抗性基因就可能有不同的位点，所以用一个双字母的代码来反应有害生物的种是不够的。在亚麻上，每个位点后面加一个不同的字母，可以解决这个问题（参照前面的例子），它的不足之处是位点名称不能提供该基因的功能或者所抗病原生物的线索。通常加一个字母或者数字表述抗性基因的位点，按照文献报道的先后次序，给基因或者位点设定一个数字，如小麦抗条锈病基因就是 $Yr1$、$Yr2$、$Yr3$，一直到 $Yr8$。

如果有多个等位基因系列存在，即每个抗性位点都有几个等位基因时，情况更加复杂：可以用字母表示这些等位基因，如果位点已经用字母表示，则用数字表示。

在小麦抗条锈病上，$Yr3$ 位点的等位基因有 $yr3$（感病性）、$Yr3$、$Yr3a$ 和 $Yr3b$ 等。目前，马铃薯野生种（$Solanum\ demissum$）对致病疫霉菌的抗性已经转育到马铃薯（$Solanum\ tuberosum$）中，但对这种抗性的遗传和抗性基因在染色体上的位置了解很少。马铃薯是异源四倍体，遗传非常复杂。根据需要，只是简单地将 R 基因编号，从 $R1$ 到 $R11$，并不考虑这些基因是否在不同位点，或者是是否同一位点的复等位基因。在过去的 10 年里，已经从马铃薯中克隆了多个抗致病疫霉菌的基因，大多数是通过图位克隆法和（或）等位克隆策略克隆的。基因表示为 Rpi，再加一个抗病基因来源物种的种名的缩写，例如，来源于观赏龙葵（$Solanum\ bulbocastanum$）的基因表示为 $Rpi\text{-}blb$，如果这个种中，已经鉴定了多个基因，则表示为 $Rpi\text{-}blb1$、$Rpi\text{-}blb2$、$Rpi\text{-}blb3$ 等。因为历史原因，基因 $R1\sim R11$ 还没有重新命名。

研究燕麦-禾冠柄锈菌的学者用 $Pc35$、$Pc54$ 和 $Pc96$ 等表述抗性基因符号，这些数字只反映了基因被发现的先后次序，根据这些符号，不能判断它们是同一位点的复等位基因，还是不同位点的基因。

分子生物学家已经习惯于用抗病基因 R（隐性为 r）加病原生物名称的缩写来表示，如大麦对大麦锈菌的抗性基因表示为 $Rph1\sim Rph19$，ph 为大麦锈菌学名的缩写，这些基因原来的名字是 $Pa1$ 到 $Pa19$，Pa 是病原生物以前使用的学名（$Puccinia\ anomala$）的缩写。

本书把假定的抗性基因表示为 R 位点与一个预定的数字，在该位点上可能的等位基因再用一个字母表示。抗病基因等位基因 $R1a$ 和 $R1b$ 与感病等位基因 $r1$ 位于同一个位点上，而在另一个位点上可能会用 $R2$ 表示。

5.4.1.7　小种

1）小种的命名

在不同植物-病原生物系统中，小种的命名方法是不同的。最简单的形式是在首次测定的抗性品种后，给小种一个名字。所有病原生物一般都一样，只用当地使用的代码表述小种，或者指出首次发现该小种的国家，如莴苣上的盘梗霉（*Bremia*）用 NL-和 CZ-代码；或者按照小种鉴定的先后次序直接给序列编号，如番茄上的镰孢菌。

然而，小种的命名最通用的是依据对该小种无效的抗性基因来命名（因为病原生物没有对应的无毒基因）。例如，前面提到的马铃薯致病疫霉菌的小种，在马铃薯中对该小种没有抗性的基因后加上编号。

例如，小种（1，3）对携带抗性基因 *R1* 和（或）*R3* 的品种是致病的，小种（1，3，4，5，6，7）对抗性基因 *R1*，*R3*，*R4*，*R5*，*R6* 和 *R7* 以及这些基因的组合都是致病的。对所有抗病基因 *R* 都是致病的，则用小种（0）来表示。

对有些病原生物，如大麦锈菌，小种名称由对该小种无效的抗性基因 *Rph* 的编号，加"/"，再加对该小种有效的抗性基因 *Rph* 的编号组成，得到的一个公式如 1，2，4，5，6，8/3，7，9。显然这个菌株还没有在抗病基因 *Rph10*～*Rph19* 等材料上测试其是否有毒性。

对于锈菌而言，也使用小种代码的方法。对某个品种有毒的锈菌菌株，可以用某个品种特定的数字来表示。把这些数字累加得到一个"和"，研究人员根据这个"和"可以很容易推断该小种的毒性谱。例如，在小麦条锈病上，有 15E158 这样表示小种的方式，非专业研究人员很难明白其中含义。

Q20：参见 Q14，用马铃薯致病疫霉菌上的小种命名方法给菌株 A-D 相应的小种名称。

2）小种特征

为了测定菌株的毒性谱，可以用作物的品系或者品种作为一套**鉴别系统**（**differential set of cultivars**），鉴别品种的构成常常是国际上已经认可的。

一套鉴别系统可以由携带已知抗病基因的品种（系）组成（表 5.8）。在有些情况下，根据经验，不同的品种对病原生物菌株之间反应不同，那么可以肯定这些品种携带了不同的抗病基因。

从实际经验确定的一系列鉴别系统提供的信息较少，研究者只能发现那些病原生物菌株与其他寄主基因型上测定的菌株在无毒性上是不同的。当寄主基因型与病原生物之间的互作反应不同于鉴别系统中的任何一个品种时，它们应当携带有新的抗性基因。

有时，一套鉴别寄主是由近等基因系组成的，它们具有相同的遗传背景，但各携带一个不同的抗性基因。

在小麦上，以 Thatcher 为轮回亲本，通过反复回交，同时，用叶锈菌相应小种的菌株反复测定其抗性，开发了一套由 20 个近等基因系组成的鉴别材料，每个材料都携带一个抗小麦锈菌（*Puccinia tritici*）的基因，有相同的遗传背景，即品种 Thatcher 的背景。

在许多植物-病原生物系统中，已知有很多抗病基因存在，所有鉴别系统由 20 多个品种（系）组成并不奇怪。当然，由较少品种（系）组成的鉴别系统肯定比由较多品种（系）组成的系统鉴别出较少的病原生物小种。

Q21：用一套由三个寄主品种（系）组成的鉴别系统最多可以鉴别出多少个病原生物的小种？

值得注意的是，在一套鉴别系统上表现相同毒性谱的病原生物菌株并不一定属于同一个小种。当把更多寄主基因型添加进鉴别系统时，有些菌株对添加进来的基因型的抗性表现毒性等位基因，有些菌株表现无毒性等位基因，从而区分为不同小种。

当鉴别系统中的一个或多个品种（系）携带一个以上的抗病基因时，会掩盖很多毒性谱的信息。

Q22：根据表 5.8 的资料，确定病原生物 8 号菌株和 A 菌株中的毒性/无毒性因子。

5.4.1.8　持久抗性（durable resistance）

1）概述

抗性育种中一个很重要的内容就是所导入抗性的持久性。常见的现象是一个品种的抗性效果随着种植时间延长而下降，这种现象称为**抗性丧失（breaking down of resistance）**或**抗性退化（erosion）**。

对一系列推荐种植的品种，通过比较它们在过去几年里的抗性级别，这种现象是非常明显的（图 5.9）。推荐推广的品种，其抗性级别达 9 或 10，是完全抗性的品种，极端感病品种的抗性级别为 0 或 1。在很多情况下，可以观察到有些品种在开始推广种植时，抗性表现非常好，但在种植几年后，抗性级别逐渐下降，直至从推荐种植的名单中剔除。

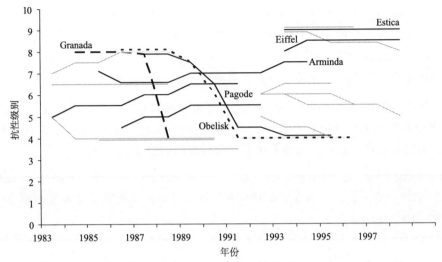

图 5.9　过去的 16 年间荷兰冬小麦品种对叶锈菌的抗性级别变化。
纵坐标数值越大，表示抗性越好。

　　McDonald 和 Linde（2002）的研究结果表明，病原生物群体进化并克服寄主植物遗传抗性的潜力取决于它的繁殖交配系统和基因/基因型流。最有潜力克服寄主抗性的是那些拥有复合繁殖系统的病原生物，即每个作物生长期至少有一次有性繁殖、病害流行阶段主要是无性繁殖，以及病原生物的繁殖体能远距离传播的病原生物。满足这些条件的病原生物有许多种，如莴苣盘梗霉、禾本科白粉病菌、致病疫霉菌和柄锈菌（*Puccinia*）的许多种。与之相反的病原生物，即只有无性繁殖方式的病原生物、繁殖体只能近距离传播的土传病原生物，如尖孢镰刀菌、黄单胞菌和南方根结线虫（*Meloidogyne incognita*）等，寄主对它们的抗性往往是持久有效的。

　　同样，即使在同一个植物-病原生物系统中，有些抗病基因可能比其他抗病基因更为持久（表 5.13）。

表 5.13　几个植物-病原生物系统中的一些抗性基因的持久性

作物	品种	病原生物	持久性
小麦	Clement	条锈菌（*Puccinia striiformiis*）	1
	Tadorna	条锈菌（*Puccinia striiformiis*）	1
	Flevina	条锈菌（*Puccinia striiformiis*）	5
	Manella	条锈菌（*Puccinia striiformiis*）	14
	Felix	条锈菌（*Puccinia striiformiis*）	18
菠菜	R1	霜霉病菌（*Peronospora farinosa*）	2
	R2	霜霉病菌（*Peronospora farinosa*）	15

作物	品种	病原生物	持久性
甘蓝	one gene	尖孢镰刀菌 (*Fusarium oxysporum*)	＞60
苹果	Northern Spy	Woolly aphid	130 (澳大利亚)
	(one gene)	苹果绵蚜 (*Eriosoma lanigerum*)	＞139 (其他地方)
	Winter Majetin	Woolly aphid	＞48
	(polygenic)	苹果绵蚜 (*Eriosoma lanigerum*)	

注：持久性：以推广种植后保持抗性的年数来表示。

对所有类型的抗性，非常重要的一个方面就是其持久性。在本书的不同章节都将讨论这一点。过敏反应型抗性，由于其非常短的持久性，尤其是对白粉病、霜霉病、锈病和散黑穗病的抗性通常是很短暂的，特别不受欢迎（表 5.14）。这些病原生物都是活体营养型或者半活体营养型的，寄主范围窄，已知的小种数目多。所以，讨论这些抗性的持久性是合适的。

表 5.14　1965～1979 年一些大麦和小麦品种对三种病原生物的抗性水平

	条锈病①		白粉病②		散黑穗病③	
大麦品种						
Delica	6	6	6	4	8	6
Impala	5	5	9	→4	4	4
Sultan	6	6	6	4	9	→4
Volla	4	4	6	4	4	3
Mazurka	6	6	9	→5	6	4
Minerva	6	6	8	8	8	8
小麦品种						
Clement	9	→3	8	→3	8	9
Manilla	8	6	8	5	9	9
Caribo	6	5	6	4	7	→4
Norda	8	→4	7	→4	7	7

①病原菌是条锈菌，②病原菌是大麦白粉病菌或者小麦白粉病菌 (*Blumeria graminis* f. sp. *tritici*)，③病原菌是小麦或大麦黑粉菌 (*Ustilago nuda* f. sp. *hordei or tritici*)。

第一列数字表示在荷兰该品种被推荐种植那一年的抗性级别，第二列数字是推广 6～12 年后的抗性级别。10：完全抗病，1：高度感病。箭头表示抗性已完全消失。

2) 定义

如图 5.9 表示的那样，一个品种抗性的丧失是病原生物群体发生变化的结果引起的。一般而言，当携带新的抗病基因的一个或多个品种被大规模推广种植时，就对病原生物产生一种选择压，而对极少数携带功能缺失的效应分子（毒性）的病原生物是有利的，它在群体中的相对频率会增加。除了其他因素以外，寄主品种对病原生物群体选择压的大小，取决于推广种植的携带抗病基因品种的绝对面积和相对面积，以及寄主抗性对病原生物群体中原先的那些优势群体基因型繁殖的抑制程度。当然，抗性的持久性只能在抗性品种推广种植数年后加以判断，据此，Johnson（1984）定义持久抗性为：如果一个寄主的抗性在适合病原生物侵入的环境下，大规模应用很长时间后仍能保持很好的抗性，这种抗性就是持久抗性。

　　由此可见，抗性持久性只能反过来推断做出结论。即使这样，也不能认为就是完美的。例如，根据图 5.9 的资料推断小麦品种 Arminda 的抗性是持久的，仍然是不成熟的，这个品种在 1994 年种植时的抗性级别是 7.5，但是它的推广种植已经过了全盛时期。如果更大规模地再推广种植几年，大致可以推断 Arminda 的抗性最终会丧失。小麦品种 Felix 对条锈病的抗性保持了 18 年，最终还是被克服了（表 5.13）。

　　在亚麻抗亚麻锈菌育种中，大多数亚麻品种携带过敏反应型抗性基因。根据 1956 年推荐种植的亚麻品种的抗性级别，其平均抗性级别并不比小麦对条锈病和大麦对白粉病的平均抗性级别高（表 5.15），但从 1974 年以后，亚麻对亚麻锈菌的抗性水平一直很高，如 Hera 和 Natasjia 等个别品种保持完全抗性达 15 年以上，而一些大麦和小麦品种的抗性在推广种植 10 年内已经丧失了。

　　这种亚麻对亚麻锈菌完全抗性的持久性的最合理解释是，在西欧，亚麻都是小规模种植的，正因为如此，亚麻锈菌的接种体几乎是缺少的。而在美国，亚麻是一个比较重要的作物，它对亚麻锈菌的抗性和小麦对条锈菌、大麦对白粉病菌的抗性一样是短暂的。这个例子说明在持久抗性定义中，强调种植的规模实际上是合理的。

表 5.15　荷兰 3 个不同年份小麦、大麦和亚麻品种对条锈病和白粉病的抗性

病原生物	1956	1974	1988	品种			
小麦				Tadorna		Clement	
条锈病菌	6.9	6.6	6.8	9	→3 (8)	9	→4 (5)
叶锈病菌	6.0	6.1	5.8	5	5 (9)	9	→4 (5)
大麦				Impala		Aramir	
白粉病菌	6.6	7.0	6.4	9	→4 (9)	9	→5 (6)
亚麻				Hera		Natasja	
亚麻锈病菌	6.3	9.0	10.0	10	10 (15)	10	10 (15)

　　注：3 表示高度感病，10 表示完全抗病。括号（）中数字表示该品种开始推广种植后的年数。

3) 抗性丧失的分子解释

正如前面（§5.4.1.3）讨论的，寄主植物的过敏反应始于其受体分子（抗性基因产物）识别了病原生物专一性分泌的分子的过程，这种分子可能进化为效应分子来抑制寄主的一般性防御，但作为无毒性的激发子起作用。无毒性等位基因缺失或突变的病原生物不能产生无毒基因产物，或者产生修饰了的产物，因此不会激发过敏反应。

由此可见，抗性的**丧失（breaking down）**最初可能是病原生物无毒性位点的功能缺失突变的结果。如果引入一个携带抗性基因 *R1* 的新的品种推广种植，而病原生物相应的无毒性基因 *Avr1* 的等位变异频率为 1，当 *Avr1* 突变为 *avr1* 时，品种的抗性就会丧失。毫无疑问，病原生物的突变在毒性新小种的产生过程中起了决定性作用。有许多文献报道了病原生物从无毒性突变为毒性的现象。

　　Flor（1958）通过 16 个无毒性位点不同的亚麻锈菌菌株之间的交配，获得了一个在 16 个无毒性位点上都是杂合的（*Avr avr*）的遗传型。它的 F_1 代通过无性繁殖（锈孢子），*Avr avr* 突变为 *avr avr*，即从无毒性变成了有毒性，获得了侵染携带相应抗病基因 *R* 的亚麻基因型的能力，很容易鉴别出来。对 F_1 代用 X 射线处理后，Flor 发现了 154 个突变体，其中 60 个在以后的试验中已经不能用了，其余 94 个突变体中，有 92 个在一个无毒因子上有突变，2 个在两个无毒因子上有突变。无毒性基因 *AvrL6* 和 *AvrM3* 的突变频率是无毒性基因 *AvrP* 和 *AvrP3* 的 20 倍以上。

　　在 *AvrL6* 和 *AvrM3* 位点上发现的自然突变表明，它们出现诱导突变和自然突变的频率是相关的。所有 16 个位点的平均突变频率大约是 1/300 000 处理孢子/位点。自然突变的频率更低一些。

　　自然突变的频率一般大概是 10^{-8}/基因。Leijerstam（1972）根据这样的突变频率来推算小麦田地的白粉病菌群体突变体，如果按照 1% 的叶面积被侵染计算，每天每公顷每个位点上会产生大约 2000 个突变体。

当然，如果病原生物中携带毒性等位基因的基因型是已经存在的，它的迁移也是寄主抗性丧失的一个可能的解释，此外，与病原生物内的重组也有关系。

　　假如一个新引入推广的品种携带几个抗病基因（如 *R1R1* 和 *R2R2*），病原生物中只存在 *Avr1 Avr2*、*Avr1 avr2* 和 *avr1 Avr2* 等基因型，则寄主的抗性可以有效地抗病原生物的所有个体。然而，在病原生物后两种基因型发生遗传重组后，产生的重组体（*avr1 avr2*）就能侵染该抗病品种。

4）稳定化选择

病原生物为什么要拥有一个或者多个作为激发子的基因，而这些激发子在遇到携带相应抗病基因的寄主群体中，会诱导使病原生物致死的抗病反应。弄清楚这个问题是非常有趣的，因为病原生物拥有这些无毒基因减少了它本身存活和繁殖的机会。很难想象病原生物群体中这样的基因会有选择优势，显然，毒性等位基因更有优势。但是如§5.4.1.4中提到的，每个病原生物基因型中存在几十个这样的无毒基因。

最流行的解释是病原生物的每个无毒性基因多少有一些生理上的功能，特别是效应分子（见第四章和§5.4.1.3），可以调控植物细胞的功能，使之适合于病原生物的侵染过程。如果这样解释是正确的，无毒基因的缺失应当会导致病原生物抑制寄主防御机制能力的下降，进一步减少侵入的成功率。这似乎是很诱人的概念，南非的植物流行病学家 Van der Plank（1963）在他的书里描述了这个原理，他称之为**稳定化选择（stabilizing selection）**假设，他推测病原生物无毒性基因的缺失，同时也损失了其适合度。按照这个理论，复合小种（能侵入携带多个抗性基因的寄主基因型的小种）的选择优势可能会抵消其适合度下降的劣势，这个理论可以解释病原生物群体中观察到的毒性谱的多样性。

在番茄上，有几个抗番茄叶霉菌的基因，$Cf9$ 是其中之一，这个基因已经应用在许多改良品种上。这个基因的毒性菌株可能会出现，但在推广的番茄品种上，对 $Cf9$ 有毒性的菌株从来没有大规模出现过，虽然番茄总面积中大部分种植的是携带 $Cf9$ 的番茄品种。这表明无毒基因 $Avr9$ 对提高病原生物的适合度是有作用的。

病原生物的无毒基因在其适合度上所起的作用同样在番茄与烟草花叶病毒（TMV）中也发现过。在实验室试验中，已经鉴定到对番茄抗病基因 Tm 有毒性的病毒株系，但在商业化种植的番茄品种上，这样的株系几乎没有或者说从来没有发现过。

虽然有上面这些例子，但还没有决定性的证据从根本上支持稳定化选择原理，甚至有几个令人信服的现象，可以挑战该原理。

首先，一个争议是病原生物一般都能很好地耐受无毒基因的缺失，拥有 20 个或者更多不同毒性基因（即有 20 多个失去功能的效应分子基因）的小种也很常见。如果每个毒性基因暗示了一个在病原生物致病性中起作用的效应分子基因的缺失，那么这样的复合小种是很难存活的，除非有大量冗余的效应分子存在，使得缺失了的可以被其他的效应分子基因补偿。

其次，在几个植物-病原生物系统中进行过试验，在普感寄主植物上测试毒性和无毒性菌株的适合度差异。与根据稳定化选择理论预期的结果相反，在这些菌株之间通常检测不到显著的、稳定的差异存在。

再次，存在基于病原生物毒性等位基因的频率和寄主抗性基因的频率的争议。如果无毒因子（效应分子）通过抑制寄主的一般性防御在**致病过程**（**pathogenesis**）中起作用，那么无毒性的缺失将会引起病原生物的活力下降。这些无毒等位基因的缺失（被毒性等位基因取代）应当有很大的优势补偿这种适合度的缺失。这种补偿正好有优势，使病原生物能侵入带有相应抗性基因 R 的植物，其毒性是必须的。因此，只有病原生物中携带那些能够被寄主植物中的抗性基因（出现频率较高）识别的无毒等位基因，往往被毒性等位基因取代。显然，一个抗性基因在当地寄主群体中很少存在、或从来没有出现过，毒性等位基因的出现几乎不会给病原生物带来任何优势，只会有活力下降的劣势。然而，研究表明，这些不必要的毒性基因在许多植物-病原生物系统中是相当普遍的。

虽然存在这些合理的质疑，但是，目前普遍接受的概念是无毒性基因代表了在病原生物致病性起作用的效应分子，它们以功能冗余的方式存在，即使缺失了很多，病原生物仍是很容易忍受的。

Q23：有一种说法，小麦品种 Clement 在引入推广种植后不久就失去了对条锈病的抗性，如何反驳该说法？

5.4.2　部分抗性

5.4.2.1　概念

过敏反应型抗性经常在病原生物侵入的早期就已经产生了作用，结果在被侵染的植物上几乎看不到明显的、受侵入的痕迹（见§5.4.1.1）。寄主植物的抗病和感病基因型也很容易被区分（图5.6A和图5.6C），这种抗性是一种质量性状。在产生比较弱、不完全过敏反应型抗性的植株上，病原生物可以产生一些繁殖体（图5.6B），在这种情况下，抗性是一种数量性状，受侵入组织仍然表现坏死和退绿的症状，但是与完全的过敏反应型抗性明显不同。

然而，在详细观察后，人们发现在完全感病的寄主植物-病原生物组合之间，在侵入程度上存在数量性状的差异。在田间试验中，这种差异特别明显，病原生物经过了几个世代的循环，复制参数和世代之间的微小差异被累积放大，导致了不同寄主基因型之间的病害流行发展有显著的差异。

马铃薯品种 Bintje 可以很好地解释这一点，已知这个品种对致病疫霉菌是非常感病的，但是，当这个品种与从 Tristan da Cunba archipel-ago 地区（该地没有致病疫霉病菌发生）引来的一些马铃薯无性系一起比较它们对致病疫霉菌的抗性时，发现有些无性系比 Bingtje 受到更加严重的侵染。据此推定，品种 Bingtje 可能携带某些低水平的数量抗性，虽然在适宜马铃薯致病疫霉菌发生的地区，这种抗性总体上在生产上是没有效果的。

尽管是感病的**侵染类型**（**infection type**），但导致病害的流行发展比较慢，这种抗性被称为**部分抗性**（**partial resistance**）。因为概念上提到了感病的、非过敏反应型侵染，所以部分抗性这个术语主要适用于活体营养型和半活体营养型的植物-病原生物系统，如锈菌、白粉病菌和霜霉菌等。文献中有些近似的术语会被使用，如**田间抗性**（**field resistance**）、数量抗性和慢锈（慢霜霉）等。当使用这些病害流行学术语时，并不一定如部分抗性的定义那样，指感病的侵染类型，所以，田间抗性和慢锈等可能指真的部分抗性或者不完全过敏反应型抗性两种类型（比较表 5.17 中的 Vada 和 Monte Cristo 两个品种的情况）。

已经在许多植物-病原生物系统中报道了部分抗性，如许多作物对白粉病菌和锈菌的抗性、马铃薯对致病疫霉菌的抗性、水稻对白叶枯病和稻瘟病的抗性等。

在大麦-叶锈菌发现的部分抗性是代表性例子（表 5.17）。在这个系统中，除了许多有明显小种专一性过敏反应型抗性基因（从 $Rph1$ 到 $Rph19$）外，在一些亲和性寄主-病原生物系统中，其感病性程度也是有很大差异的。表 5.16 中，前面 5 个品种明显是小种专一性抗性的，后面的 4 个品种都是感病反应的。在田间试验中，这些感病品种（表 5.16 中 "＋"）上侵入量是明显不同的（表 5.17）。

表 5.16　9 个大麦品种和 4 个叶锈菌间亲和性和非亲和性互作反应

品种	Pa 基因	菌株			
		1-2	22	A	T4OSS
Sudan	Pa 1	＋	－	＋	＋
Estate	Pa 3	－	－	＋	＋
Gold	Pa 4	＋	＋	＋	＋
Cebada Capa	Pa 7	－	－	＋	＋
Egypt	Pa 8	＋	＋	＋	＋
L94	－	＋	＋	＋	＋
Sultan	－	＋	－	＋	＋
Julia	－	＋	＋	＋	＋
Vada	－	＋	＋	＋	＋

表 5.17 大麦锈菌菌株 1～2 在 6 个大麦品种 4 个取样时期的锈孢子数/分蘖 (1973)

品种	抽穗期	取样日期			
		14/6	27/6	3/7	12/7
L94	9/6	5	500	>5000	—
Mamie	16/6	5	500	>5000	—
Sultan	21/6	1.5	20	1000	—
Julia	22/6	0.7	2.0	17	100
Vada	21/6	0.3	0.5	1.1	4.5
Monte Cristo	5/6	0.9	8	28	—

注：小区之间用冬小麦品种隔开，Sultan，Julia，Vada 有不同水平的部分抗性，Monte Cristo 有不完全的过敏反应型抗性，病原菌可以有一定程度的繁殖。两种类型的抗性都导致流行速度的减慢（慢锈）。

5.4.2.2 部分抗性的因素

能降低病害流行发展速度的部分抗性是由不同因素或组分（component）构成的。不同植物-病原生物系统中，部分抗性可能由不同的因素起作用。

例如，在大麦-叶锈菌中，部分抗性最重要的三个因素分别是**潜伏期**（**latency period**）、**侵染频率**（**infection frequency**）和单个锈菌孢子堆的**孢子产量**（**spore production**）（图 5.10，表 5.18）。潜伏期指病原生物开始侵染到产生孢子之间的时间，对锈菌而言，是到锈菌孢子堆成熟的时间。侵染频率指能成功侵染并产生新一代孢子的百分率，也可以指单株、单叶和每平方厘米组织上观察到的病斑数。

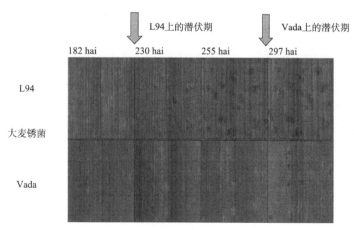

图 5.10 大麦锈菌侵染大麦高感品系 L94 和较高部分抗性品种 Vada 幼苗叶片（Marcel，et al.，2007）。侵染后不同时间点摄影（hai，接种后数小时），Vada 上锈菌孢子堆的发展比 L94 上慢很多。LP：潜伏期。

表 5.18 3个大麦品种对大麦锈菌菌株 1～2 的部分抗性值

抗性因子	品种		
	L94	Sultan	Vada
相对侵染频率（L94＝100％）	100	75	40
潜伏期（天，16℃，幼嫩旗叶）	8	10.5	15
相对孢子数/锈菌孢子堆（L94＝100）	100	70	40

侵染频率和每个锈菌孢子堆上的孢子量在很大程度上决定了病原生物在寄主植物上的繁殖量。

部分抗性的这些因素可以在温室的一个单循环试验中测定，在田间的多循环试验中，与最感病的对照品种相比，这些因素也会导致较低的侵染程度，参见表 5.19。

表 5.19 潜伏期和繁殖量对大麦锈菌锈孢子数量的影响

品种	天									锈孢子数
	0	8	12	16	24	32	36	40	48	
A	1	10		10^2	10^2	10^4		10^5	10^6	＝ 1 000 000
C	1		5		5^2		5^3		5^4	＝ 625

注：品种 A 对大麦锈菌高度感病，品种 C 对大麦锈菌表现高度部分抗性水平。在品种 A 上，病菌有 10 倍的繁殖量和 8 天的潜伏期，而在品种 C 上，病菌的繁殖量为 5 倍，潜伏期为 12 天。侵染量的差异程度类似于田间多次侵染循环试验中观察到的情况（参见表 5.17）。

每一个植物-病原生物系统中，导致部分抗性的因素可能是不同的。例如，水稻对稻瘟病菌的部分抗性并不是潜伏期的延长，而是侵染率和病斑扩展速率的下降。

严格来说，部分抗性的水平只能由多次侵染循环（田间）试验直接进行测定，但是，这种试验费力费时。所以，通过单循环试验对抗性的一个或者多个单一因素进行测定，测得的结果应当和田间的部分抗性有很好的相关性。

预测一个寄主基因型的部分抗性，取决于有多少个因素和哪些因素在实际工作中能被测定：

(1) 决定抗性的因素与田间部分抗性之间的相关性程度；

(2) 试验误差和测定各因素的难易程度；

(3) 不同因素间相关性程度。

在大麦-叶锈菌的组合中，成株（旗叶）期的潜伏期和田间部分抗性水平是高度相关的，测定潜伏期相对费力和烦琐，但试验误差很小。苗期的潜伏期和田间部分抗性水平的相关性较低；侵染率与潜伏期和部分抗性水平都呈负相关，测定侵染率不太费力，但是试验误差很大。这种试验误差很大程度上是由于接种密度有太大的变异引起的。而在接种植株时，几乎不可能控制接种密度保持一致性。所以，为了较好地预测大麦对叶锈病的部分抗性，一般只要测定旗叶期的潜伏期就已经足够了。

5.4.2.3　抗性机制

很难对部分抗性所涉及的机制进行概括。一个作物的株型可能导致较低的空气湿度或者较低的孢子沉降量，即使它和病原菌间是亲和性侵染型，最后也会导致病害流行扩展速度的减慢。按照§3.1所讨论的内容，这种情况被称为避害作用。所以需要仔细并尽可能具体的观察，以区分部分抗性和避害作用。对部分抗性（参见§3.2抗性的定义）而言，植物和有害生物间应该有紧密的接触。

很少有研究，其中有详细的观察，来阐述部分抗性的机制。通常，病原菌在部分抗性的植株上比在感病的植株上表现较低的寄主细胞壁穿透率、较低的生长和繁殖速率。

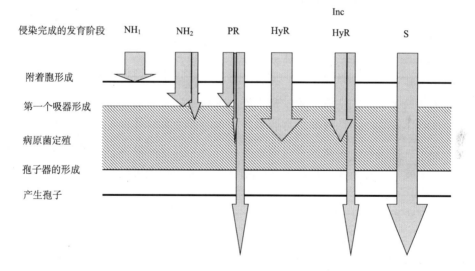

图5.11　锈菌成功的侵染应当完成的各个发育阶段示意图。箭头的宽度与病原菌菌落达到那个阶段的组分成比例。锈菌与植物的组合分别为：NH_1 指莴苣上的大麦锈菌（非寄主）；NH_2 指小麦上大麦锈菌（非寄主）；PR 指大麦品种 Vada 上大麦锈菌（部分抗性）；HyR 指携带过敏反应型抗性基因 *Rph3* 的大麦品种上的大麦锈菌；Inc HyR 指携带不完全过敏反应型抗性基因 *Rph5* 的大麦品种上的大麦锈菌；S 指感病的大麦品系 L94 上大麦锈菌。

对于形成吸器的病原菌，如锈菌和白粉病菌，有人已经观察到乳突的形成和部分抗性有关（见§5.2中的图5.3B），乳突可以阻止病原菌在寄主细胞内形成吸器。部分抗性水平越高，单个病菌孢子成功侵入寄主、在细胞内形成吸器的机会越低。

以大麦-叶锈菌为例，过敏反应型抗性和部分抗性两类抗性类型是互相紧靠的，过敏反应是吸器形成后的抗性，而部分抗性是**吸器形成前的抗性**（**pre-haustorial resistance**）。在后一类抗性中没有诱导过敏反应。它们代表大麦中已经进化的、对同一种病原生物的两类完全不同的防御机制。

在接种白粉病菌和锈菌的一些非寄主植株上，也能发现部分抗性是吸器形成前的抗性机制（§5.3.6）。因此，部分抗性似乎表现为数量化的、微弱的**非寄主**（**non-host**）抗性。因为这种相似性，部分抗性被认为是在一般防御机制水平上起作用（见§4，图5.1左）。因此也被视为**基础抗性**（**basal resistance**）的例子。部分抗性的不同因素可能是由同一种抗性机制起作用。

当大麦锈菌孢子喷施到具有部分抗性的大麦品种叶片上，大部分病菌侵入点上，病原生物不能在植物细胞内成功形成吸器以获得营养，因此有较低的侵入率。部分侵入点能成功地形成吸器，但菌丝体的分枝常常会诱导乳突形成，所以分枝不能进一步形成吸器，从而导致较低的生长速率、菌落的发育延迟，最终导致较长的潜伏期。因此，较低的侵入率和较长的潜伏期两个部分抗性因素是由同一个机制产生的，即锈菌形成较少的吸器。这两种因素高度相关也就并不见怪了。

如果抗性的几个因素是紧接着发生的，但相互之间没有显著的相关度，很有可能是不同的机制在部分抗性中起作用。从育种原理上可以把这些机制聚合到一个品种中。

在有些植物-病原生物系统中，部分抗性和过敏反应型抗性之间没有本质差异。例如，**半活体营养型**（**hemi-biotroph**）真菌、马铃薯上的致病疫霉菌、大麦上的麦云纹病菌等，即使在最亲和性互作反应中，也会诱导植物细胞坏死。观察到致病疫霉菌在所谓的具有田间抗性的马铃薯品种上，比在感病品种上形成更早和更多的坏死，但比在具有过敏反应型主效抗性基因 R 的品种上形成的坏死时间要迟、数量要少。

许多病原生物在侵染幼嫩植株和幼嫩植物组织时，可能比侵染成熟的植株和植物组织更容易。苗期的潜伏期比在较成熟的植株上的潜伏期往往要更短，在幼叶上的潜伏期比在老叶上潜伏期更短。衰老速率也存在遗传变异。

以稻瘟病菌侵染水稻幼嫩叶片为例，在具有部分抗性的水稻基因型的侵染率低于感病品种上的侵染率，此外，病原菌在部分抗性基因型的幼嫩叶片和老叶上的侵染率差异远远大于感病品种的幼嫩叶片与老叶上的侵染率差异。这种影响似乎是水稻品种对稻瘟病菌部分抗性水平的决定因素（Roumen，1992）。

5.4.2.4　病原生物种和小种的专一性

如过敏反应型抗性一样，在大多数情况下，部分抗性也表现病原生物种专一性的。这意味着对白粉病菌的部分抗性水平可能和对叶锈菌的部分抗性水平没有相关性的。对植物的一个种而言，可能有几种锈菌是病原菌（如禾谷类植物，可以有秆锈、条锈、叶锈或冠锈菌等），对不同种锈菌的部分抗性的水平没有关联。

总体来说，部分抗性的水平对于同一个病原生物种的所有基因型几乎都是同等有效的，因此，也被称为**小种非专一性抗性（race-non-specific resistance）**。然而，这种小种非专一性抗性并不是部分抗性的定义部分。如果把一个寄主植物基因型对病原生物多个基因型的小种非专一性抗性程度制成图，预期这个图可能由一个水平线组成（图 5.12），这种抗性因此也被称为**水平抗性（horizontal resistance）**。

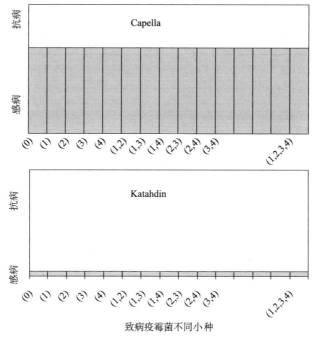

图 5.12　马铃薯品种 Capella 对致病疫霉菌的小种非专一性（水平）抗性图示。品种 Katahdin 有相对低的抗性。Y 轴表示抗性水平，X 轴表示病原生物不同的小种（Van der Plank，1963）。

试验资料也可能证实这种小种非专一性现象至少在大麦-叶锈菌中是这样，但是图形也不完全是一条水平线（图 5.13）。

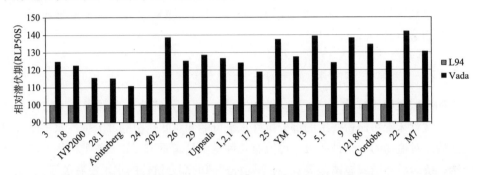

图 5.13　大麦品种 Vada 和 L94 对 21 个大麦锈菌菌株的潜伏期比较，Vada 对所有菌株都
　　　　　表现出较长的潜伏期，说明部分抗性是非小种专化性。

本书提出两个重要的方面：

（1）病原生物菌株之间在遗传上的差异决定了**侵袭力（aggressiveness）**的不同。不同菌株在同一个寄主植物基因型上引起不同程度的侵染，取决于其侵袭力水平。但是这种侵袭力一般是品种非专一性的。如果不同菌株在植物基因型上引起侵染程度是连续的，寄主与菌株间的互作不显著，则这种抗性被认为是小种非专一性的。

（2）Parlievliet 和 Zadoks（1977）提出，无论在田间试验还是部分抗性各因素的测定试验中，都经常可以观察到在品种和菌株之间存在着弱的相互作用。表 5.20 的结果说明了这种现象。

　　　迄今，大麦锈菌的所有菌株在品系 L94 上的侵染力都是最高的，
　　而在品种 Vada 上都是最低的。这进一步显示了大麦对大麦锈菌的部分
　　抗性是小种非专一性特征。

表 5.20　5 个大麦锈菌在 4 个大麦品种上的侵染量

品种	菌株				
	11-1	18	1-2	22	24
L94	>40	>40	>40	>40	>40
Berac	8.1	6.7	3.1	5.0[b]	0.9
Julia	4.5	12.1[a]	1.8	1.1	0.6
Vada	0.8	0.5	0.6	0.2	0.1

注：开花后四周测定出现锈菌孢子堆的叶片百分率衡量侵染程度。小区间宽条（wide strips）冬油菜隔开（Parlevliet, 1978）。

a 表示在完全非小种专一性时，预期的侵染频率是 3% 左右。

b 表示在完全非小种专一性时，预期的侵染频率是 2% 左右。

　　然而，在以往的资料中也观察到弱的鉴别性相互作用存在。由于这些相互作用与试验误差的大小相近，很难被展示和重复。如果证实了这种相互作用，严格来说，部分抗性并不是小种非专一性的。

　　　　在其他的抗性表现为小种非专一性植物-病原生物系统中，也进行过详尽的测定，结果和大麦-叶锈菌的一样，存在弱的相互作用。如马铃薯-致病疫霉病菌、小麦-叶锈菌、小麦-白粉病菌、大麦-白粉病菌、油菜茎基溃疡病菌（*Leptophaeria maculans*）、大麦-麦云纹病菌、水稻-细菌性条斑病菌（*Xanthomonas campestris* pv. *oryzae*）等。在这些病例中，由于相互作用太弱，实际上很难将病原菌区分为小种。

　　Vada 的抗性导致了对所有菌株有更长的潜伏期，这种抗性似乎是小种非专一性的。

5.4.2.5　抗性遗传

　　通常部分抗性基因效应比较小，所以抗性表现数量遗传特征。这些基因所在的位点被称为数量性状位点（quantitative trait loci，QTLs）。当两个有不同部分抗性水平的亲本杂交，测定其杂交后代的抗性时，呈现典型的、连续分布数量性状特征（图 5.14），在田间测定时也是这样。如果后代中出现超亲个体（即后代的某些个体比双亲有更高的抗性或感病性），可以推断两个亲本可能带有不同的部分抗性 QTLs 位点。这种超亲遗传经常发生，表明作物中有丰富的抗性 QTLs 存在，每个 QTLs 都控制一个病原生物的一些抗性。

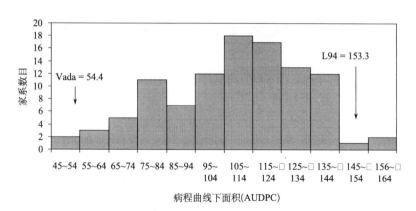

图 5.14　大麦品种 L94 和 Vada 杂交后代 103 个 F_9 家系材料的感病情况。感病情况在田间进行测定，感病指标用 AUDPC（area under the disease progress curve，病程曲线下面积）表示。柱状图反映了这是一个多基因遗传的数量性状（Qi et al.，1998）。

根据定义，部分抗性并不意味着多基因遗传，虽然有亲和性侵染型存在，单基因遗传的抗性也符合降低病害流行发展的标准。大麦对白粉病菌的抗性基因 *mlo*、小麦对叶锈菌的抗性基因 *Lr34* 都是单基因遗传控制的部分抗性的例子。

在埃塞俄比亚，发现大麦品系 L92 对大麦白粉病菌有抗性，表现为侵染频率的显著下降。在单循环侵染试验中，抗病品种上出现的菌落数比感病品种上少 1000 个以上，这些少量菌落是亲和性，在微观水平上，植物细胞也没有出现坏死现象。因此这种抗性完全符合部分抗性的定义。

L92 的抗性是基于一个称为 *mlo* 的隐性抗性基因，定位于染色体 4H 上，在携带这个基因的大麦基因型上，乳突的形成可以阻止大麦白粉病菌的侵染。缺失功能的 *mlo* 等位基因可能与一个细胞壁修复所需要的反馈系统有关联。有功能的等位基因 *Mlo* 已经在番茄和拟南芥等其他植物中被克隆（Bai et al.，2008）。在这些植物中，*Mlo* 同源基因的功能丧失突变体也表现对白粉病菌的抗性。

某些小麦品种存在对小麦叶锈菌的数量抗性，这种抗性和过敏反应型抗性无关。遗传研究表明，这种抗性是由一个称为 *Lr34* 的显性基因控制的，在 F_2 和回交群体中表现出显著的单基因分离模式。它的抗性作用又非常类似于多基因的部分抗性的作用，但其作用的效应较大。它延长了潜伏期、减少了侵染频率，但侵染点不出现过敏性反应。*Lr34* 不仅对叶锈病有效，对条锈和白粉病也有效果。这个基因已经被克隆，编码一个可能的 ABC 转运体（Krattinger et al.，2009）。

对于单基因遗传的部分抗性，其基因的命名也同样按照过敏反应型抗性基因的命名法则（见 §5.4.1.6）：用一个简单的数字表示。不符合孟德尔遗传规则但表现为 QTLs 的基因还没有标准的命名规则。一个可能的基因符号类似于 Rxxq，这里的第一个 x 表示病原生物属名的第一个字母，第二个 x 表示病原生物种名的第一个字母，而 q 表示数量性状的意思。

Q24：在命名 QTLs 抗性时，你认为可能会有什么问题？

经常有报道，品种与菌株之间存在弱的、但显著的互作关系（见前面 §5.4.2.4 和表5.20），Parlevliet 和 Zadoks（1977）于是提出了"微效基因对微效基因"的相互作用假说。如前面解释的那样，对这种假说的争议是：这种鉴别性相互作用是否是基因对基因关系（见 §5.4.1.7）的一个结果？病原生物的因子（这些因子现在被称为效应分子，见第四章）可能与部分抗性基因所编码的目

标蛋白以"基因对基因"方式互作，这些可能是效应分子需要结合的操作蛋白，以抑制寄主的防御机制（Niks，Marcel，2009；Van der Hoon，Kamoun，2008）。

5.4.2.6　抗性持久性

一般认为，部分抗性总是持久有效的，很少有部分抗性被克服的例子。

比较突出的是大麦-白粉病和小麦-叶锈病两个植物-病原生物系统，控制白粉病的基因 *mlo* 和控制叶锈病的基因 *Lr34* 都不是过敏反应型的抗性类型（见前面§5.4.2.5），也不是 NBS-LRR 类抗性基因。在许多地区种植的现代品种中，都广泛地使用这两个基因，已知其抗性是持久的。

> 即使目前在西欧春大麦面积的 70% 种植的是携带 *mlo* 基因的品种，也没有迹象表明白粉病菌正在适应田间广泛使用的该基因的抗性。但是在实验室试验中，如反复侵染携带 *mlo* 基因的抗性品种，会出现对 *mlo* 侵袭力增加的变异菌株（Lyngkjær et al.，1995；Schwarzbach，1979）。原始菌株只有 0.04% 的分生孢子产生菌落，而实验室试验中选择的变异菌株有 2%～4% 的分生孢子能产生菌落（Schwarzbach，1998）。

此外，大麦对大麦锈菌的数量遗传的抗性似乎也是持久的，在许多作物中，最广泛种植的品种中都有一定水平的部分抗性存在。这种抗性一直以来都没有被克服，因此，这种抗性被认为是持久的。

> 如果实际上存在微效基因对微效基因的关系，则不能排除病原菌能克服控制部分抗性的单个抗性基因。因为即使克服了部分抗性的基因，由于田间部分抗性品种的抗性水平下降很低，实际上很难观察出来。例如从表 5.20 的例子可以看出，18 号菌株实际上克服了品种 Julia 的部分抗性的一个基因，而 22 号菌株克服了品种 Berac 的一个抗性基因。

5.4.2.7　抗性残留

控制过敏反应型抗性和部分抗性的基因可以同时存在于同一个植物基因型，当过敏反应型抗性完全表达时，植物表现完全抗性，所以不能直接检测到部分抗性的基因效应。

> 在大麦锈菌侵入过程中，病菌首先要面对可能的部分抗性基因的影响，这些基因会干扰吸器的形成；在吸器形成后，过敏反应型抗性基因 *Rph* 基因可能开始起作用。在吸器形成前被寄主封杀的侵入点不会进一步诱导寄主组织坏死。当两个基因型携带同一个 *Rph* 基因（但它们

有不同的部分抗性）被锈菌侵染时，在两个基因型上出现的由病菌侵入引起的坏死斑的数量不同。在单循环侵染试验中，在遗传背景中有较高部分抗性水平的品种上出现的坏死斑比部分抗性水平低的品种要少。

如果出现一个新的**毒性**（virulent）小种，则植物会被病原生物成功地侵入。植物被侵入的程度取决于植物遗传背景中部分抗性的水平。

毒性小种出现后观察到的植物的数量抗性（大部分是部分抗性）称为**残余抗性**（residual resistance）。事实上不是一种不同类型的抗性，只是病原生物毒性基因型取代了原来的病原生物无毒性群体后，寄主植物表现出来的部分抗性。

另外一种现象也是由于残余抗性引起的，即当抗病基因被病原生物克服后，寄主仍保留某种程度抗性。①这可能是由于病原生物致病过程中相应无毒基因（Avr）的重要功能，缺乏 Avr 因子的病原生物虽然可以侵染携带 R 基因的植物，但是其活力有一定的下降，所以表现出 R 基因仍然和较低的侵入水平有关。②还有一种可能就是 Avr 基因没有完全丧失功能，只是一些简单修饰，正是由于这种修饰，使 R 基因不能有效地识别它，从而使过敏反应型的抗性被部分克服了。

第六章　不同类型的有害生物

前面已经较详细地讨论了两类最主要的植物抗性，本章将简要介绍不同类型的有害生物。因为植物有害生物在分类上属于显著不同的分类单元，所以，有必要对每种有害生物的相关特性进行介绍。

本章内容包括：有害生物的变异，抗性育种工作中采用的抗性类型及机制，抗性的持久性及替代的病虫害控制措施，如使用农药、种子消毒、种苗检疫等方法。

6.1　脊椎动物

进化上比较高等的脊椎动物，如田鼠、家鼠、野兔、鹿和鸟类等都可以造成农作物的严重损失。通常，在单位面积作物田块中，这些种类的有害生物的个体数量相对较少，但每个个体都能够造成较大的损失。

目前，还很少有针对脊椎动物物种的抗性育种。已知的一些抗性类型都是害虫种非专化性（pest-species non-specific）的抗性，如§5.2中讨论的广谱抗性，§3.1中讨论的避害性机制也可以用来防治这类有害生物。值得注意的是，针对脊椎动物的有效抗性可能也会对奶牛和人类产生影响。

在非洲，以种子为食的鸟类常常对高粱生产造成严重损害，如红嘴奎利亚雀（*Quelea quelea*）就是一种在这方面臭名昭著的织巢鸟，谷粒比较甜、小穗结构有利于鸟取食的高粱品种受害最为严重。选择"鹅颈花梗"，颖壳较大、有芒，花梗上着粒致密的品种，结合密植措施可以有效地保护作物免受危害，尤其是在那些鸟能找到其他可食品种的地方。这并非真正的抗性，而是由于形态特征导致的有害生物"非偏好（**non-preference**）"引起的"避害性"效应。选择有苦味、谷粒黑色的品种（单宁含量高）也是有效果的，可以育成相对"抗性"的品种，实际上这也是一种"避害性"。然而，消费者也不喜欢这种谷粒有苦味的品种。可以培育在接近成熟时苦味降低的品种，或通过收获后处理谷粒降解单宁的办法来解决这个问题。因为单宁主要存在于种皮中，谷物研磨加工厂可以通过谷粒加工方法，将有苦味的高粱品种生产出人们可接受的产品。

猎杀或驱逐也是保护作物免受或减轻脊椎动物危害的常用方法。

用灭虫威（methiocarb）处理要播种的种子或快要成熟的穗子，可以降低鸟类的适口性，从而减少对种子萌发和成熟穗子的损害。这种保护剂降解很快，所以对产品质量不会造成很大的影响。

6.2　昆虫和螨类

昆虫和螨属于节肢动物门，许多种昆虫和螨是植物上重要的有害生物。在植食性（phytophagous）昆虫和螨类中，有些种是多食性的，大多数是寡食性的，也有一些是**单食性的**。绝大多数的种类进行有性生殖，而有些重要的有害生物（如蚜虫、蓟马、螨）却具有不需交配而进行繁殖的能力，即单性繁殖。

一些因素会对抗节肢动物育种工作产生不利影响，例如，饲养有害生物进行抗性筛选的试验对技术要求较高，动物会对不适宜环境产生轻度甚至严重反应，会运动，甚至从温室中逃离。由于害虫的化学防治已经相当成功，对昆虫和螨类的抗性育种一直得不到重视。一些杀虫剂如滴滴涕（DDT），对人类和环境产生的有害影响极大地促进了昆虫和螨类的抗性育种。

在抗性育种工作中，对各种抗性和避害机制都进行过试验，测试其实用性。育种工作者通常将目光集中在广谱抗性和降低适口性的植物化合物上。另外，植物的表皮毛（通常是腺毛）可以保护植物免受害虫带来的部分危害。植物的形态学特征对有害生物的避害也有一定的作用。植物的这些性状通常是数量性状遗传的，大多数的性状并非专门针对某个有害生物的种。

玉米次生产物丁布 DIMBOA（2,4-dihydroxy-7-methoxy-1,4(2H)-benzoxazin-3,1）的含量与欧洲玉米螟（*Ostrinia nubialis*）产卵量呈负相关。茎秆实心（非空心）的小麦品种可以保护小麦免受麦茎蜂（*Cephyus cinctus*）的危害。

如§5.2中已经介绍的对广食性有害生物有效的拒虫物质和广谱抗性，可能对有些专食性害虫也有引诱作用。

转基因方法为该领域开创了全新的有效的领域，一个例子就是将苏云金芽孢杆菌（*Bacillus thuringiensis*）中的专化性毒素基因转入多种植物之中，如棉花（参见§7.2.3.3）。还存在其他可能的途径，如昆虫的脱皮激素基因，运用RNA干涉技术使该基因沉默，在生理学上影响昆虫的关键功能（Baum et al.，2007）。

针对昆虫**过敏反应型抗性**（**hypersensitivity resistance**）的例子很少。在这种情况下，昆虫与寄主植物生活在一个非常紧密的环境中，有固定的生活方式，如形成瘿瘤的昆虫和螨类、苹果对玫瑰苹果蚜（*Dysaphis plantaginea*）的抗性就是这种情况。

在少数几种昆虫中，发现了生物型的形成。典型的例子就是水稻褐飞虱（*Nilaparvata lugens*）和小麦黑森瘿蚊。在这两个系统中已经证实了基因对基因关系的存在。

筛选抗虫性的一个问题是害虫具有较强的迁移能力。由于迁移性，害虫在试验田或温室中的分布不仅仅取决于植物遗传型，而且受很多其他物理因素的影响，如空气流通、光照强度和植株高度等。如果一个品种在这样的试验中受危害相对较轻，这可能是植物**逃避**（**escape**）了害虫的侵害，而非植物本身特性的作用。因此，通常把植株个体或者叶片置于养虫笼中，测量笼中各个体或叶片上的参数，如存活率、产卵量和幼虫的生长速度等来比较抗虫性，这样就防止逃避现象的发生，因为它们没有其他选择，只能接受或拒绝笼子里的植物组织。

这种把植物或叶片放在养虫笼中进行测定的另一优点是育种者不会被害虫的非偏好现象误导。该方法的不足之处在于所处环境（温度、光照等）不能代表大田环境。通过养虫笼获得的结果，需要大规模的田间试验进行验证。

还有另外一些方法来控制昆虫，如杀虫剂在农业生产上仍然是必需的，由此生物防治也得到了很大的发展。

　　危害番茄的温室粉虱（*Trialeurodes vaporariorum*）和烟草粉虱（*Bemisia tabaci*）已经通过寄生蜂，如丽蚜小蜂（*Encarsia formosa*）和其他种类进行有效的控制。栽培措施，如温度的控制以及作物对白粉虱抗性水平等决定了寄生蜂与白粉虱之间的平衡。在西欧，几乎所有种植番茄的温室都应用了寄生蜂等生物防治物进行保护。这些生物防治物可以通过商业途径获得（见 http://www.koppert.com/）。

在温室作物栽培过程中，生物防治方法的发展可能会对育种目标产生一定的影响。植物的形态结构（叶片的角度、表皮毛的多少及类型）可以影响生物防治的效果。目前，温室栽培作物的生物防治比露地栽培作物的发展要快。

6.3　线　　虫

绝大多数的植物病原线虫生活在寄主植物的根系及根系周围环境中。这些线虫依靠不同的寄生方式，从"营外寄生"到能在根部诱导特异取食细胞的"营内寄生"方式来完成复杂的生命周期。也有一些植物病原线虫可以在植物的地上部分生活，取食茎秆和叶片组织。有些植物病原线虫是多食性的，有些是寡食性的。例如，根结线虫可以危害多种植物，而孢囊线虫的寄主范围较窄。有些线虫如马铃薯孢囊线虫［包括马铃薯金线虫（*Globodera rostochientsis*）和马铃薯白线虫（*Globodera pallida*）］，每个生长季节只发生一代，是**单循环的（monocyclic）**，受精后，雌虫的身体变为坚硬的、充满卵的孢囊，这种孢囊可以在土壤中存活很长时间，由于适合的环境因素和寄主释放的根际分泌物，孢囊能够被刺激并孵化出具侵染力的幼虫。而且由于土传特性，线虫只能在有限的距离扩散，因此，每个田块（部分）的线虫群体都具有自己的遗传构成。带有线虫繁殖体的土壤不应扩散到种植寄主植物的其他区域。植物检疫措施、轮作和土壤消毒是重要的控制植物病原线虫的方法。利用杀线虫剂消毒土壤的方法，目前，已经被欧盟所禁止。

　　在植物保护的长期政策中，荷兰政府的目标是减少荷兰农业对农药的依赖及降低对环境的负面影响（Meerjarenplan Gewasbescherming，1990）。20 世纪末制定的最新目标仅是选择性地使用化学土壤消毒剂来防治马铃薯金线虫和马铃薯白线虫，禁止使用某些土壤消毒剂。但是，目前还没有获得依赖性降低、环境风险减少的非土壤消毒剂。Meerjarenplan Gewasbescherming 描述的一个重要教训是，在没有可供选择的、有效的病虫害综合治理（IPM）措施时，一味地对种植者采取严格的限制，是不会取得成功的。因此，在第二版的实施计划《持久的植物保护》（2000～2010）中，农业和环境部、研究机构、水利机构、农药公司和农场组织等所有成员形成了一个联盟——"持久作物保护联盟"。每个成员在各自的领域承担责任，形成了一个统一的阵营，而不是互相反对，大家以极大的热情为同一个目标努力。另一个新的现象是，政府与私人组织共同资助实施了大规模的有害生物综合治理研究计划，而整个计划的"舵"由农场组织掌控。该联盟的目标是：在不影响农场竞争力的前提下，与 1998 年相比，至 2011 年对环境的负面影响减少 95%。尽管最后的评估还未实施，但有证据显示该宏伟目标将会实现。

　　由于植物寄生线虫的移动能力有限，与抗害性和耐害性相比，避害性就显得不那么重要。抗性植物与易感植物相比，对线虫卵孵化的影响是相同的。但在抗性植物中，线虫会在穿透或侵入植物组织后很快死亡，可能是由于线虫分泌的效应分子引发的过敏反应，线虫的生长或繁殖受到了显著的影响。抗性水平通常通过一个生长季中线虫的繁殖因子来表现。如果繁殖因子小于 1（也就是低于起始种群），植物就被定为抗性的。闲置或者种植一季非寄主植物的措施对线虫种群的降低不如种植抗性品种显著。在没有寄主植物的条件下，线虫的群体处于休眠状态，其种群的下降仅仅是由于自然死亡和捕食作用。种植抗病品种时，线虫受到刺激会变成活跃状态，在穿刺根部后即死亡。另外，可以种植诱捕植物来激活线虫，在线虫繁殖前翻耕消灭线虫。

侵染点周围的植物组织坏死，即**过敏反应（hypersensitive response）**是一种常见现象。在这种情况下，一部分根会死亡，这种结果对植物有很大的损害，这种现象在某种程度上可以解释为什么寄主上定殖的线虫数量（或根系中的孢囊数量）和植物地上部生长量的减少几乎没有相关性。

和其他大多数土传有害生物一样，土壤中分布的接种体间的遗传差异很大，产生的侵染压力也有差异。因此，在评价寄主抗性水平时，存在很大的逃避作用，会影响结果的可信度。已经建立了在相对统一和标准的条件下测定抗性水平的方法。植物可以单独种植在透明的容器或花盆中，定量接种线虫幼虫，通过透明的容器壁，可以跟踪观察线虫的数量和发育速度。

虽然每种线虫都会产生多种致病型，但线虫的致病型不像真菌那么容易识别。线虫进行有性生殖，结果是每个样品的种群中，都可能是有毒性和无毒性个体的混合物。孤雌生殖的植物寄生线虫，如根结线虫实际上也可能是混合群体。用一个带有相应 R 基因的品种对这种混合群体进行选择，只有毒性个体能够繁殖。如果群体中的毒性个体的比例相对较低，R 基因可能表现出数量效应。因此，这种质量性状的致病专化性抗性和数量抗性可能会产生混淆。如果在下一生长季，将线虫种群的后代在带有相同 R 基因的植物上进行鉴定，侵染的比例会更高一些，使抗性表现数量性状，则可能归因于线虫原始种群的构成。已经报道了马铃薯-马铃薯金线虫之间符合"基因对基因"关系，这只是理论上推测。因为采取了适当的植物检疫措施，不同生物型的地理分布依然保持局部分布，因此，抗性通常表现为持久性。

目前，通过基因修饰可以获得新的抗病性，例如通过转化蛋白酶抑制剂基因来获得抗性。半胱氨酸蛋白酶抑制剂在抗线虫中的利用潜力已被深入研究。把半胱氨酸蛋白酶抑制剂基因转化到高感的马铃薯品种 Desiree 中，其抗性可以达到商业可用的水平。与利用转蛋白酶抑制剂基因抗性的防控方法不同，利用植物抗体产生抗性的防控方法仍然是很有限的。从老鼠体内分离克隆编码抗线虫唾液蛋白的基因，转化到植物基因组中，植物产生的所谓的植物抗体（planti-bodies）应该能结合线虫唾液蛋白，干扰其在植物根系定殖。实际生产上，通过植物抗体控制寄生物并不成功，可能有以下两个原因：①选择性抗体所识别的抗原可能不是寄生互作过程所必需的；②抗原和抗体可能不在同一个空间（Fuller et al.，2008）。

获得抗性的一个理想的策略是，通过植物转基因技术，对线虫的关

键基因进行 RNAi 干扰。线虫取食植物时，摄取的 dsRNA 会干扰其生
理代谢导致其死亡（Sukon et al.，2007）（见§7.2.3.4）。

6.4　寄生性植物

寄生性高等植物能够对作物造成巨大的危害。最著名的寄生性植物是列当
（列当属包括了 150 个种左右），在温带气候区和地中海地区，能够寄生蚕豆、向
日葵、烟草、土豆以及其他作物；在热带非洲和南亚地区，独脚金（独脚金属包
括了 23 个种）能够寄生高粱、粟以及其他谷类作物和豌豆等。这些寄生性植物
在寄主的根系营寄生生活，产生大量极小的种子，在土壤中可以休眠很多年。因
此，在一些地区，如中东，由于圆齿列当（*Orobanche crenata*）的寄生危害，不
适合种植蚕豆；在非洲的一些地区，由于黄独脚金（*Striga hermonthica*）的寄
生危害，不能种植高粱。

在实验室和田间都可以进行抗害性和耐害性筛选。完全的抗性并不常见，发
现的抗性更多是数量抗性形式。已经建立了一些实验室测试方法，可以筛选具有
较低刺激活性的寄主基因型，换言之，选择不会有效地刺激休眠种子萌发的基因
型。实验室获得的结果和田间试验获得的结果之间有时相关性较差。因为线虫和
土传病原生物的存在以及接种体在土壤中的非随机分布，田间试验的结果实际上
可能是由于不同侵染压力导致的。

一个寄主基因型的抗性效应取决于基因型种植的地区。在独脚金中
可能只是个假设，但在列当中已经证实了生物型的存在。在向日葵和棕
榈中，有明确证据证明列当属的一个新生物型可以克服寄主的抗性，因
此，抗性可能是小种专化性的。向日葵-弯管列当（*Orobanche cernua*）
的基因对基因关系已经被报道。

对于向日葵-弯管列当的抗性育种工作已经有了很多成就，尤其是
俄罗斯。在这个植物-病原生物系统中，已经报道了存在完全抗病性。
一些抗病品种在俄罗斯推广种植后，发现在其他地区是感病品种。可能
这些地方存在列当的其他基因型。俄罗斯和罗马尼亚的研究者声称，列
当存在 A、B、C 和 D 四种基因型。蚕豆和小扁豆对圆齿列当的抗性以
及许多作物对独脚金的抗性比较少见，且多是数量抗性。有些高粱品种
可能对独脚金具有中等水平的抗性，但是这些品种的产量和品质远远不
能达到生产的要求。

也有些其他方法可以有效地控制寄生性高等植物，如在结籽前拔除快要衰老
的植株、使用高水平的养分和采用诱捕植物。诱捕植物能够诱导寄生性种子植物

的种子萌发，但不被它寄生。没有一种方法，包括抗性，能有效地保护作物，唯一的选择是综合治理。使用除草剂受到了限制，除非作物本身具有除草剂抗性。

6.5　（半）活体营养型真菌和卵菌

（半）活体营养型真菌是一组数量大、种类多的病原菌（更多信息参见§2.2）。对这类病原生物的抗病育种中，更多的是关注这类有害生物本身，因为在寄主中存在很多有效的、完全的抗性基因，可以有效地抵抗大多数这类病原菌。

虽然真菌和卵菌是完全无关的病原菌（图 6.1），但是由于大部分的真菌和卵菌有着非常相似的致病机制和与植物的互作机制，在抗病育种方面，它们也有许多相似之处，所以这里把它们归在一起。这一类病害的代表是白粉病、锈病、散黑穗病（都由真菌引起）、霜霉病和晚疫病（由致病疫霉菌和其他卵菌引起）。这类病原真菌以门作为分类单元，包括子囊菌亚门、担子菌亚门和半知菌亚门。

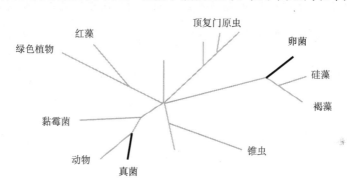

图 6.1　真核生物共同的系统发育图（引自 Baldauf et al.，2003）。

通常，这类病原生物专一性地侵染植物的地上部分，大多数是侵染叶片。在作物的一个生长季节，病菌通过产生分生孢子（如白粉病和霜霉病、致病疫霉菌）和夏孢子（如锈病）无性繁殖多次，这些病原菌是**多循环的**（**polycyclic**）；散黑穗病在一个生长季中只在寄主植物开花时繁殖一次，属于单循环的。孢子可借助风进行远距离传播，一个新的致病小种可以在几年内扩散到整个大陆。

这类病原生物的有性孢子一般出现在寄主植物的生长后期，一些锈菌的有性阶段比较复杂，需要另一个寄主种的存在（即转主寄主）。不是所有的（半）活体营养型真菌都有有性世代，在有些病原菌中，可以通过体细胞重组进行遗传物质的重组，即两个不同个体的菌丝体融合，细胞核融合发生交换，染色体消失，恢复到原来的多倍体水平。

许多病原菌是单倍体的，有些是二倍体或者四倍体，也有些真菌种是双核或多核的，即一个细胞含有两个或多个细胞核。

（半）活体营养型真菌能够很好地适应在寄主上生活，它的侵染过程十分微妙，穿透细胞的真菌能抑制寄主对侵入微生物的 PAMPs 分子激发的相关防卫反应。虽然单个植物细胞在功能上或多或少是正常的，但由于被病原生物利用来输送养分到吸器或者到专化的菌丝，细胞的功能在程序上是重组的。在侵染过程中，完美地利用植物的防卫体系及寄主植株的生理特性，这就是为什么（半）活体营养型病原体通常有比较窄的寄主范围。一些看起来有相当广泛寄主范围的病原菌种，其实是由许多专化型组成的（见§5.3.4）。

寄主植物具有过敏反应型抗性（见§5.4.1 中讨论）和部分抗性（见§5.4.2 中讨论）两种抗性存在。在一个植物-病原生物系统中，两种类型的抗性常常同时存在（例如§5.4.2.1 中的表 5.16）。在有些植物-病原生物系统中，只有数量性状的抗性出现，没有明确的小种专化性的证据。

在花生-锈病和葡萄-霜霉病的病原生物系统中就是这种情况。

在大多数植物-病原生物系统中，许多小种专化性的抗性基因在导入到现代栽培品种后，会很快被病原菌克服。这种基因抗性的丧失可能是由于病原菌的突变和基因重组引起的。（半）活体营养型真菌的持久抗性是十分重要的，因此，育种工作中努力提倡加强部分抗性的水平。

控制活体营养型真菌的其他方法有很多，尤其是杀菌剂的使用。在综合治理方法中，可以开发一些小种专化性的、非持久的抗性，这部分稍后讨论（见§7.12）。

6.6　死体营养型

死体营养型真菌通常在植物叶片上引起坏死斑，严重时，侵染的叶片会脱落。这些病原菌引起的侵染有不同的名称，如"叶斑"、"叶枯"和"霉斑病"等。死体营养型真菌通常是多循环的，无性分生孢子可通过风或飞溅的雨水传播，这种飞溅的传播是短距离的。在侵染过程中，毒素的作用是十分重要的（见§2.2），死体营养型真菌可以人工培养，可以从培养物中获得含有毒素的滤液。

这类病原生物间差异是非常大的，其中一个重要的类群与典型的活体营养型病原菌一样，是高度专化的，寄主范围很窄。该类群的一些成员如链格孢（*Alternaria*）和长蠕孢（*Helminthosporium*）引起的叶枯病以及叶斑病等〔分别为小麦上由小麦壳针孢叶枯病菌引起，香蕉上由香蕉叶斑病菌（*Mycosphaerella musicola*）引起]。它们的毒素是植物种专化性的，甚至是植物基因型专化的，因此也叫做寄主选择性毒素。

毒素的作用机制变化很大，由链格孢属和长蠕孢属真菌产生的毒素的寄主专化性是最高的，这似乎符合基因对基因关系。毒素可以与植物的受体位点结合，或者作为植物重要酶的底物（见下边的例子）。当受体或植物酶由于突变而变化了，它们就不再被毒素结合或者识别，毒素就没有活性了，植物表现抗病性。因此，这种基因对基因关系导致的感病性是植物与病原菌产物之间的特异性识别的结果，而在半活体营养型真菌中的感病性，是寄主和病原生物间不能识别的结果（见§5.4.1.8）。在死体营养型植物-病原生物系统中，这种正好相反的基因对基因关系，使病原菌通过产生新突变体来克服寄主的抗性变得很难。病原菌需要一个新的专化性毒素的变异体，从而通过一个专化性方式识别寄主植物已经变化的受体位点，所以对专一性死体营养型真菌的抗性一般都是非常持久的。

番茄与番茄链格孢菌（*Alternaria alternaria* f. sp. *lycopersici*）的互作取决于两个因素：番茄中有链格孢茎溃疡位点（*Alternaria* stem canker，*Asc*）以及病原菌产生的 AAL 毒素。假定 AAL 毒素能够阻断番茄鞘磷脂的生物合成，导致植物细胞坏死，然后杀死组织。毒素能够识别番茄生物合成中非常重要的酶，作为底物被酶错误地结合。诱变处理易感病的番茄品种（有半显性 *Asc* 等位基因），可获得大量的对 AAL 毒素钝敏和对病原生物具有抗性的两类突变体。这些突变主要发生在番茄的 *Asc* 位点（Van der Biezen et al.，1995）。

有趣的是燕麦的一个基因（*Pc-2* 别名 *Vb*）决定了对两种病原菌的抗病性。这个基因首先被应用在著名的燕麦品种"维多利亚"上（1927），它控制对禾冠柄锈菌的抗性。这种抗性是显性的、小种专化性的，这个基因的产物不仅可以作为燕麦冠锈菌相应无毒基因的受体，也是维多利亚长蠕孢菌（*Helminthosporium victoriae*）产生的毒素（称为维多利亚毒素，victoriae）的受体。因此，易感维多利亚长蠕孢菌的燕麦基因型对燕麦冠锈菌中携带无毒基因 *Avr2* 的小种是抗病的，而易感冠锈菌菌株的燕麦基因型抗维多利亚长蠕孢菌（Mayama et al.，1995）。

在玉米对玉米大斑病菌（*Helminthosporium turcium*）的抗病机制中，已知是一种完全不同的原理，即使病菌产生的毒素的酶活性钝化，1992 年分离了玉米的这个基因（Johal，Briggs，1992）。

第三种被大家所接受的抗病机制可能是寄主可以选择其他生物合成途径，以替换受干扰的生物合成途径，致使毒素失去活性。

　　在上面提到的番茄与番茄链格孢菌的互作中，控制 AAL 毒素的抗性基因 *Asc-1* 已经被克隆。研究结果表明，显性基因 *Asc-1* 编码的蛋白能够恢复番茄中鞘脂类的生物合成，但是它不能与 AAL 毒素结合 (Spassieva et al.，2002)。

　　在抗病性检测过程中，可以分离毒素来替换病原菌本身。例如，可以将毒素定量加到体外培养的胚或愈伤组织，或者加到幼苗上测定它们对毒素的敏感性。对专化性死体营养的病原菌的抗性主要是完全的、单基因遗传的，每个植物-病原生物系统中可用的抗病基因数目是很少的，同样，已知的病原菌小种的数量也是较少的。

　　一般来说，数量性状的抗病性可能重要得多，这些数量性状的抗性可能是多基因遗传的或者单基因遗传的。

　　小麦对小麦壳针孢叶枯病菌的抗病性是数量性状的。用各地收集的病原菌菌株接种小麦的不同资源材料，发现有两种水平的专化性。首先，病原菌似乎有两种形式：一种是专一性地对六倍体普通小麦的，另一种是专一性地对四倍体硬粒小麦的。这种专化性不是绝对的，有一些普通小麦品种也能够被硬粒小麦的菌株侵染。其次，在普通小麦中，品种与菌株之间存在显著的交互作用，即基因对基因关系。然而，这种品种/菌株组合之间的侵染水平的差异主要表现为数量性状。

　　最近发现，球腔菌 (*Mycosphaerella*) 在生长季节不仅通过器孢子进行无性繁殖，还通过子囊孢子进行有性生殖和重组。潜在的有毒基因、无毒基因以及侵袭力基因可以不断地重组。因此，田间的病原菌是由许多不同基因型的混合物组成的，与许多活体营养型病原生物种不同，它们主要由遗传上一致的一个群体或者少数几个小种组成。广泛的有性重组的重要结果使抗性的遗传研究变得相对困难。病原菌基因重组对抗性持久性的影响还不清楚。经验表明，小麦对小麦壳针孢叶枯病菌的数量抗病性比观察到的活体营养病原菌过敏型抗病性更容易被克服 (Kema，1996)。

　　控制专化性死体营养型病原生物 (specialised necrotrophic pathogens) 主要是依靠杀菌剂的使用、种子消毒、收获后清除病植物残留物或翻耕等措施来实现的。

　　第二种重要的死体营养型生物是有着广泛的寄主范围的、非专化性的广谱有害生物。由广泛寄主范围死体营养物引起的典型的病害，如纹枯病菌或者卵菌纲的腐霉引起枯萎病、灰霉病 (由灰霉菌引起，例如在成熟的草莓果实、向日葵的花托或者番茄植株伤口上的灰霉病等)，由油菜菌核病菌引起的叶枯和腐烂。这些病原菌有着多种类型的生活方式：它们可以根据环境在腐生、共生、内寄生（生活在植物组织内部，但不引起症状）以及死体营养型等生活方式进行转变。以前习惯把这类病原菌叫做偶遇性病原菌，它们只能侵染防卫系统已经被破坏的植物。现在发现，这类病原生物中有些成员可以产生对植物有毒的代谢物，诱导植物细胞的死亡（类似于过敏反应）。广谱病原生物能够产生毒素，引起很多不同植物种的器官坏死（如灰霉菌和油菜菌核病菌）（van Kan，2006），而有些亲缘关系相近的种产生的毒素，有一定专化性的作用［像百合灰霉病菌（*Botrytis elliptica*），百合上的专一性种］。广谱病原菌不依靠一种或少数几种植物存活，因此它们不会随着它们的寄主进行协同进化，而这种协同进化则会出现在专化性病原生物中，基因对基因的互作关系对于广谱病原生物而言，可能不是一个重要的现象。

　　　　灰葡萄孢菌可以在很多种植物上引起灰霉病。最常见的是侵染草莓、葡萄、玫瑰和肉质的植物器官，如番茄。在葡萄、猕猴桃、草莓和其他寄主上，可先形成很小的伤口，然后静止不动，当条件合适时再激活。灰葡萄孢菌多种类型的生活方式可以通过对莴苣的观察来说明，它在莴苣上生长但不引起症状，可以通过种子来传播（Sowley et al.，2010）。

　　　　已知油菜菌核病菌能够侵染 64 个科，350 种以上的植物，包括裸子植物。纹枯病菌不仅仅是一种植物病原菌，如引起马铃薯块茎和水稻茎秆的猝倒病，还可以作为几种陆生兰花根系的共生物。研究证明，在此类病菌中发现变种，例如，Price 和 Colhoun（1975）发现两个核盘菌的菌株，一个在胡萝卜上侵染性远低于大丽花，另一个则在胡萝卜上侵染性高于大丽花。

　　在寄主中发现的这类抗病性几乎都是数量性状的，抗性水平很低。抗病机制可能是多种多样的。不仅由于基因效应小，而且侵染试验的稳定性也差，这都影响到抗性的选择。

　　控制这类广谱病原菌的最有效的方法是使用杀菌剂和栽培措施，还可以研发利用天敌进行生物防治，如利用土壤真菌木霉（*Trichoderma*）和假单胞菌等。

6.7　维管束萎蔫

　　维管束萎蔫会引起寄主植物黄化、萎蔫和脱水。最重要的维管束萎蔫病害包括真菌中的棉花黄萎病菌（*Verticillium dahliae*）、黄萎轮枝菌、尖孢镰刀菌和细菌中的青枯雷尔氏菌（*Ralstonia solanacearum*）引起的病害（在§6.9中将讨论）。

大部分的维管束萎蔫真菌都是土传病害，通过厚壁的厚垣孢子（如镰孢菌）或菌核［如轮枝菌（*Verticillium*）］保持休眠。因此这类真菌在土壤中很多年仍然具有活性，可以成为侵染源。真菌可通过伤口进入植物的根系。由榆枯萎病菌引起的榆树维管束萎蔫是通过小蠹虫传播的，小蠹虫靠健康的榆树生活，分生孢子黏在昆虫的身体上能够萌发，然后利用小蠹虫制造的伤口进入树的维管束组织。

真菌通过菌丝生长在植物体内扩展，并在木质部形成分生孢子。非专化性毒素对致病过程也有作用。当被侵染的寄主植物死亡时，孢子和菌核就被释放到环境中。

棉花黄萎病菌和黄萎轮枝菌的寄主范围相当广泛，尖孢镰刀菌种内至少有75 个专化型，每个专化型的寄主范围都很窄，这些专化型之间的分类关系目前还不明确。

　　　　尖孢镰刀菌种内重要的病原生物有：尖孢镰刀菌石竹专化型（*Fusarium oxysporum* f. sp. *dianthi*）、尖孢镰刀菌番茄专化型（*Fusarium oxysporum* f. sp. *Lycopersici*）、尖孢镰刀菌亚麻专化型（*Fusarium oxysporum* f. sp. *lini*）等。镰刀菌属的其他种也能引起除萎蔫以外的其他病害，例如马铃薯块茎的干腐［茄病镰刀菌蓝色变种（*Fusarium solani* var. *coeruleum*）］和小麦赤霉病［黄色镰刀菌（*Fusarium culmorum*）和禾谷镰刀菌（*Fusarium graminearum*），有性世代为玉蜀黍赤霉菌（*Gibberella zeae*）］。小麦赤霉病的病原能够产生对人、动物和植物都有害的真菌毒素。镰刀菌属的有些成员是非致病性的土壤栖居菌，可能是土传病原菌潜在的天敌，可用于生物防治。

由于轮枝菌和镰刀菌被认为不经历有性世代，它们被认为是半知菌。然而，尖孢镰刀菌的成员可以进行有性生殖，其有性世代形式被认为是赤霉菌（*Gibberella*）。茄病镰刀菌的有性世代是赤球丛赤壳菌（*Nectria haematococca*）。在它们的无性世代，种内的遗传重组可能通过不同基因型间菌系细胞融合和细胞核交换而进行遗传重组。轮枝菌和镰刀菌都有非常复杂的分类系统。

真菌维管束萎蔫病的抗病性可以是完全的质量抗性，也可以是不完全的数量抗性。抗性机制通常是在病原菌周围植物组织的木质化和木质部形成侵填体和胶质物等限制病原生物的定殖。这种木质部的堵塞是局部的，作用很有限，在植物能忍受的范围内，或者形成新的通道来补偿。以前提到的植物对毒素的忍受在抗性过程中也有作用。

通常利用植物枯萎的程度、生长下降速率和维管束组织的褐色程度来评价接种植物的抗性，而对每个植株上病原生物进行定量（侵染量）是很难的。事实上，真抗性和耐性（见§3.3）之间是很难相互区分的。

在大部分植物-病原生物系统中，寄主植物中只有较少（1～4 个）抗病基因是小种专化性的。这种情况下，真菌维管束萎蔫病菌也只有几个小种存在。由于病原生物是土传的，病原菌的某些小种仅在世界某些地区存在。通过采用检疫措施来防止这些小种的扩散是十分重要的。抗病性也有丧失，但不是一个主要问题。

除了植物清洁处理、使用杀菌剂和土壤消毒等熟悉的防治措施外，一些生物防治方法防治真菌维管束萎蔫病也在研发。一些微生物（如土传木霉真菌、镰刀菌属的非致病性种和荧光假单胞菌的一些种）已经作为拮抗菌在使用。

6.8　细　　菌

细菌是一种原核生物，植物病原细菌的种大约分布在 5 个属内。细菌除了一个环状的染色体，还有一个或多个质粒。它们通过细胞分裂进行无性繁殖。然而，在不同菌株之间也有可能进行遗传重组，作为细菌变异的来源，突变（mutations）起着特别重要的作用。

虽然植物病原细菌种的数量是有限的，但是大部分植物病原细菌种具有重要的经济性，尤其在热带地区，它们限制了许多作物的栽培，如番茄和香蕉等。在细菌属内，有关种的分类比较复杂、一直有争议。

　　超级大种——黄单胞菌至少有 120 个致病变种组成，有些专家认为这些致病变种是单独的种，丁香假单胞菌与此情况类似，也由多个致病变种组成。

　　根据青枯雷尔氏病菌（*Ralstonia solanacearum*）生长最适温度和氧化某些双糖和己糖乙醇的能力，被分成 5 个生物变种，根据它们的生境特征和寄主范围，又分出 4 个小种。这里"小种"的概念与植物病原真菌上使用的小种的含义不同。

植物病原细菌侵染产生的症状和它们的寄主范围都是多样的。农杆菌（*Agrobacterium*）引起溃疡（cankers），它们有十分广泛的寄主范围。黄单胞菌和丁香假单胞菌通常在植物的地上部分引起病斑。它们包括不同的致病变种，每个致病变种都有很窄的寄主范围。青枯雷尔氏病菌是一种土传病原菌，可引起萎蔫，这与密执安棒杆菌（*Clavibacter michiganense*）的情况是一样的。梨火疫菌（*Erwinia amylovora*）可引起梨等果树的火疫病，而胡萝卜欧文氏菌（*Erwinia carotovor*）可引起马铃薯的软腐病。值得注意的是，马铃薯、番茄和香蕉等经常是同一个细菌种的寄主。

细菌可借助（飞溅的）水，或者风到达植物组织，然后通过伤口、气孔或者水孔等侵入组织内部，在植物质外体（细胞间的空间）和/或木质部内增殖和扩展。昆虫对火疫病细菌-梨火疫菌的传播起重要作用，黄单胞属细菌能够通过种子传播，青枯雷尔氏病菌在土壤中，可能经常在非寄主植物根系的周围保持休眠。

病原细菌产生的纤维素水解酶和果胶溶解酶等在细菌侵染过程中起着重要作用，而烟草假单胞杆菌（*Pseudomonas syringae* pv. *tabaci*）可以产生一种很强的毒素，叫做烟草毒素（tabtoxin）。

在有些植物-病原生物系统中，有一个情况可能和活体营养型真菌类似，即寄主可能有很多控制过敏性抗病性的主效基因（20 个以上），病原菌有几个或者许多小种存在。这种抗病性通常不是持久的。

如水稻-水稻白叶枯病菌（*Xanthomonas campestris* pv. *oryzae*）、棉花-角斑病菌（*Xanthomonas campestris* pv. *malvacearum*）、豌豆-豌豆假单胞菌（*Pseudomonas syringae* pv. *pisi*）、番茄-番茄假单胞菌（*Pseudomonas syringae* pv. *tomato*）等就是这种情况。

已经证实在有些植物-病原生物系统中存在基因对基因关系。

在分子水平上研究植物病原细菌始于 1985 年。黄单胞菌和丁香假单胞菌的几个无毒基因被克隆，这些基因实际上是针对寄主某些抗病基因的。其互作过程可以概述如下：建立一个细菌无毒菌株的 DNA 文库，20～30kb 大小的 DNA 片段转移到毒性菌株内，测试转化菌株在携带抗病基因（与无毒性相对应的）的寄主上的侵染能力。无毒菌株的某个 DNA 片段可以使毒性菌株（品种专化性的毒性）丧失毒性。从丁香假单胞菌克隆的一个无毒基因 *avrPto*，它编码一个激酶抑制剂可以抑制两个类受体激酶蛋白 FLS2 和 EFR 的功能，这两个蛋白涉及病原生物关联分子模式（PAMPs）激发的先天免疫反应作用（PTI，图 6.2）。番茄 *Pto* 编码的丝氨酸/苏氨酸蛋白激酶控制对携带 *AvrPto* 基因的丁香假单胞菌的抗性。Pto 与 AvrPto 的互作需要第三个蛋白 Prf（类似于 NBS-LRR，见 §5.4.1.3 中的表 5.4）参与。已经证实，Pto 通过类似于 FLS2 和 EFR 蛋白上的激酶结构域，与 FLS2 蛋白竞争 AvrPto（图 6.2）。因此，Pto 现在被称为 AvrPto 的毒性靶标，而不是抗性（R）蛋白（Zhou，Chai，2008）。自 1990 年以来，被克隆的细菌无毒基因数量一直在增加。虽然在克隆的无毒基因（*Avr*）之间缺少序列相似性，但结构不同的效应分子可能有重叠作用，影响寄主的防卫系统。有一个奇怪的现象，番茄假单胞菌的无毒基因 *AvrD*，在转到大豆假单胞菌 (*Pseudomonas syringae* pv. *glycinea*) 后，表现出与抗病基因 (*Rpg4*) 的对应关系，这些基因存在于某些大豆品种中。这种现象似乎与第四章提到的协同进化的理论相矛盾。

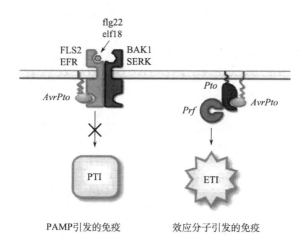

图 6.2　*Pto*、*AvrPto* 和 *Prf* 之间的互作示意图。左：*Pto* 激酶与 FLS2 和 EFR 互作阻止 PTI 的产生。右：*Pto-AvrPto* 互作激发 *Prf* 依赖性 ETI (effector triggered immunity) 产生。FLS2 和 EFR 分别是 flg22 (纯化的 22 氨基酸鞭毛多肽) EF-Tu (细菌翻译因子) 的专一性受体 (Zhou，Chai，2008)。

6.9　植原体和立克次氏体

有些以前认为是由病毒引起的植物病害，其实是由植原体和立克次氏体引起的。植原体和立克次氏体都是单细胞生物体，大小介于细菌和病毒之间 (直径为 100~1000nm)，有细胞膜包裹。可以把它们看做细菌，但比细菌更小，并且不能人工培养。植原体可以通过细菌过滤器，因为它们的细胞膜是可塑的。植原体具有双链 DNA 结构。它们对抗生素敏感。立克次氏体和植原体的特性相似，但它们的细胞膜是没有弹性的。

植物中的植原体最早是在 1967 年被发现。它们表面看起来类似于类菌原体 (mycoplasmas，没有细胞壁的细菌)，然而它们在系统发生上完全不同。类菌原体是人类和动物的致病菌，或者是腐生菌，并且能够人工培养。

植原体和立克次氏体可通过昆虫 (如叶蝉)、嫁接和寄生性植物〔如菟丝子

（*Cuscuta*）〕进行传播。由植原体引起的植物病害主要是植物的激素平衡遭到破坏，表现为丛枝病、黄化和花退绿。

　　由植原体引起的经济上重要的病害包括：葡萄的黄化病、加勒比地区椰子的致死性黄化病和非洲可可的致死性病害、玉米的矮缩病、柑橘矮化病、薰衣草的矮化病等。水稻的黄矮病也是植原体病害，在荷兰，在剑兰和风信子栽培上，植原体尤其重要。

　　区别植原体病害和病毒病害的主要特征是木质部筛板上有胼胝质的沉淀，被 $4',6$-二脒基-2-苯基吲哚（DAPI）染色的植原体在筛板上聚集，DAPI 是一种 DNA 荧光染料。

可以通过使用抗生素和控制传播介体——昆虫控制这些病原生物侵染植物，寄主植物种也有抗性存在，所以抗性育种也可以作为控制植原体病害的方法。

6.10　病　　毒

可以把病毒看成是细胞内的活体营养型病原生物。在某种意义上说，病毒还不是生物，因为它们缺少自己的代谢系统，所以病毒没有采用林奈提出的双名法来进行分类命名。大部分病毒仅由一个或几个短的单链或者双链 RNA/DNA 组成，由衣壳蛋白所包被。RNA/DNA 一般有 3000～5000 个碱基或碱基对，编码组成病毒衣壳的结构蛋白、毒性 RNA/DNA 在寄主体内复制相关的蛋白以及与病毒粒子转运相关的蛋白。有些病毒有非常广泛的寄主范围（如烟草花叶病毒属、黄瓜花叶病毒属），有些病毒的寄主范围比较单一（如马铃薯 A 病毒、郁金香碎色病毒）。病毒的传播取决于病毒种类和作物，可通过植物无性繁殖传播、病株和健株的物理接触、农业操作、种子、花粉、介体生物（昆虫，尤其是蚜虫）、线虫与土传真菌等进行传播。

病毒的侵染过程包括定殖于植物细胞、在细胞内增殖以及扩散到临近细胞。被侵染的植物组织表现出不同的病毒病害症状，不同病毒引起的症状都是特别的。抗病机制可以干扰病毒侵染过程中的一个或多个环节。

在病毒种内有不同的株系，这些株系侵染寄主后可能引起不同症状，或者寄主抵抗它们的抗病基因有差别。后一种情况类似于真菌中小种的鉴定。如马铃薯 X 病毒，根据它们在某些马铃薯品种上的侵染能力划分为 5 个株系（小种）。

寄主对病毒的抗性包括免疫、过敏反应、减少发病概率或者减轻症状产生等。免疫是寄主阻止了病毒定殖和增殖的结果，在非寄主植物中常常发生，也是非常有效的一种寄主抗性。过敏反应表现为在侵染点周围出现坏死斑点，病毒在植物体内的扩展很少，或者只在很小范围扩展。能够减少病毒定殖成功率的基因可以降低发病的概率，受侵染植株形成的症状常常和**发病率**（**incidence**）高的寄主基因型植株的症状一样严重。症状减轻可能是病毒在植物体内的增殖减少或者寄主本身的耐受力所致（详见§3.3），可以利用血清学的方法（ELISA）测定寄主植株体内的病毒浓度加以区分。

许多病毒的抗性表现单基因遗传。在有些植物-病原生物系统中，病毒株系专化性抗性在被引入寄主后很快被克服，菜豆（*Phaseolus vulgaris*）-菜豆花叶病毒就是一个典型的例子。总体来说，抗性持久性较短的问题仍然比活体营养型病原真菌的问题要小。甚至已经被证实有病毒株系专化性的抗病性，在某个地区域保持很多年的抗性。这可能是由于种子和其他繁殖材料的生产过程中，注意严格的检查，确保种子-苗不带毒。使用健康的繁殖材料将降低病毒的种群密度，因此减少毒性病毒突变株系产生的概率。

可以通过转基因的方法将病毒基因转化到寄主植物的基因组，转病毒基因的植株可以获得对同一种病毒侵染的抗性（详见§7.2.3.4）。

病毒病害的防控措施包括：①在很少有蚜虫的地方，进行种子和其他繁殖材料生产，可以使病毒被传播的风险降到最低，繁殖材料可在防虫笼中或有保护性措施的环境中进行生产；②杀死种薯生产区的各种植物和杂草，防止在生长季节后期迁移来的蚜虫传播病毒；③清除田间已经发病的植株；④控制病毒传播的介体；⑤种子和繁殖体的严格检测和认证。

有价值的材料如被病毒侵染，可采取分生组织培养的方法将其脱毒。

6.11　类　病　毒

类病毒甚至比病毒更小，它由单链的非编码 RNA 组成，仅有 100～360 个碱基组成，还不如一个平均基因片段的大小。它存在于寄主的细胞质中，通过内部碱基配对，形成规则的、形状特异的分子。目前还不知道类病毒是如何在寄主体内干扰其新陈代谢的。

类病毒主要通过植物间的接触、花粉或者昆虫进行传播。所引起的症状与病毒引起的症状相似。可以利用 cDNA 分析方法证明植物组织内存在类病毒，关于类病毒的抗病性已有报道。

经济上重要的类病毒病害例子是马铃薯纺锤块茎病，还有毁灭性的椰子死亡类病毒，引起番茄超级雄性的类病毒病，导致植物雌性不育。啤酒花（*Humulus lupulus*）上也会有类病毒病害发生。

第七章 如何选育抗病虫新品种

本章将介绍在实践中如何进行抗性育种。尽管抗性育种有多种方法可供选择，本章将按照抗性基因导入的流程着重介绍育种人员通常采用的育种策略。

7.1 抗性基因的导入是否值得

随着病虫害流行频率和严重程度的提高，其已经成为影响植物生产的经济问题。病虫害的发生有可能是由于异地引入，也可能是因为栽培技术和生长气候的变化致使植物生长环境更适于有害生物的生存繁殖。根据病虫害危害程度，育种人员需要做出决策是否需要开展针对这些病虫害的抗性育种。因为育种目标性状的增加意味着育种中人力和物力的增加，选择标准越多，需要的分离群体的规模也越大，同时还需要增加有效鉴定抗性的技术和手段。

是否开展抗性育种需要考虑以下几个方面：

（1）选育一个抗性品种需要的投资是多少？

（2）这些投资是否能从提高种子价格、提高产量和扩大播种面积上赚回来？

（3）如果缺乏抗性品种，育种公司的市场份额是否会缩水？

对于后面两个问题，育种人员在很大程度上期望从育种公司得到准确回答。而种子公司是否准备为推广抗性品种投资则基于以下考虑：

（1）病虫害发生、流行的频率和传播的范围；

（2）由病虫害产生的经济损失程度；

（3）病虫害是否可以通过其他方法来控制，比如栽培措施、嫁接根茎或应用杀虫剂等？

以上考虑在一定程度上还受到国家政策的影响，例如，政府是否决定限制或禁止使用某类杀虫剂，或者是否建议改变栽培措施，如在岩棉上进行无土栽培。

例如，1986 年，番茄上发生一种新的世界性病害，即新番茄粉孢菌引起的病害。育种公司面临着是否应该投资开展抗白粉病育种的重要选择。育种公司需要考虑以下几个方面：

1. 野生番茄种中存在由显性单基因控制的抗病材料。这种抗性基因的导入比较简单，不需要更多额外的投资。

2. 自从报道在这些野生番茄种中存在抗性基因以来，育种公司同行都认为这是一个很好的机会，并着手制定育种计划进行抗性基因导入。

3. 现代番茄栽培中很少使用杀虫剂。病害和虫害基本都采用生物防治或抗病品种防治方式。白粉病开始成为唯一一种必须使用杀虫剂防治的病害。因此，对于番茄种植者来说，抗白粉病的新品种是具有很强吸引力的。

虽然开展抗性育种对于育种人员来说伴随着商业风险，商业育种公司仍可能与政府的研究所、大学和专业化的生物技术公司联合资助一些前瞻性研究课题。

育种公司需要慎重选择优良抗性新品种释放的时机。他们有时太急于释放一个新的商业化品种，若该抗性新品种在其他农艺性状上存在瑕疵，就很难达到预期经济效益。这时，其他育种公司可能会利用这些抗性材料作为供体亲本，可以大大减少育种的投入。

7.2　如何获得抗性资源

7.2.1　抗性资源的收集

抗性资源的筛选是开展抗性育种的第一步。首先需要搜集种内和近缘种内遗传材料，建立基因型变异丰富的抗性基因资源库。抗性资源来源主要包括以下几个方面。

（1）栽培品种。在栽培品种中寻找抗源，异花授粉作物要比自花授粉作物更容易。

尽管豌豆是自花授粉作物，但也发现一些豌豆品种中存在对尖孢镰刀菌豌豆专化型（Fusarium oxysporum f. sp. pisi）的良好抗性。这些古老的豌豆品种一直被大量繁殖利用，其群体表型非常一致，但个别植株表现出了抗性。通过抗性株系扩繁，结合系谱选择，从中培育成抗性改良的新品种。在维管束萎蔫病暴发之前，育种者通过复杂的系谱选择程序对这些古老品种进行了扩繁，由于随机漂移，大多数材料已丢失了抗性。

拳须黑团孢引起的是一种土传的高粱病害，病原菌以腐生方式生存，通过分泌毒素杀死寄主组织。寄主品种由感病型（Pc）突变为抗病型（pc）的平均自然突变率为 1/8000（配子），因此在每个品种中都有可能鉴定出抗性材料。

异花授粉作物首蓿中存在高度的遗传变异（主要是由于杂合体比例高）。它实际是经过改良的杂合异质群体，在这样的群体中，通过选择容易提高群体的抗性。

（2）商业品种。若作物原来已存在抗性品种，可以将这些品种选育成商业品种。这些商业化品种的选育效率高，可以通过定向改良原有抗性品种的不良性状，从而在短时间内育成。

将外引品种的抗性导入到当地品种中要相对困难些（例如，将日本品种的抗性导入到欧洲品种中的育种），因为这些外引品种常常有不同日照时间长度的需求或者有一些性状不符合当地消费者的要求。因此，进行抗性育种时需要收集大量的品种资源（其他性状也是一样）。

东京长绿（Tokyo Long Green）是一种日本小黄瓜品种，具有对黄瓜花叶病毒的抗性，目前已成为这种病害的主要抗性来源。

将菠菜野生种中对绒毛霉菠菜霜霉病菌的抗性基因导入到 Califlay 和 Proloog 两个现代菠菜品种中后，抗病的 Proloog 成为常用的抗性亲本。

大不列颠（Great-Britain）地区几乎所有的冬小麦对由绒毛霉小麦基腐病菌（*Pseudocercosporella herpotrichoides*）引起的眼斑病都是感病的。抗病品种中，大多数品种的抗性位点都定位于 7A 染色体上，推测该抗性均来源于小麦品种 Capelle-Desprez，并且该抗性可能是单基因的遗传方式，这个品种从 20 世纪 60 年代开始一直被用作小麦抗病育种的重要抗性亲本。

上述抗源利用的策略在技术上简单可行，但也存在着重大缺陷。即由于育种人员在抗性育种中均使用了相同的抗源，导致同一抗性基因在生产中大面积应用。一旦病原生物突破了该抗性基因的防线（见 §5.4.1），所有的抗性品种就会失去抗性而造成毁灭性的灾害。利用下文中提到的抗源时，则不存在或较少存在这一缺陷。

（3）其他栽培物种。许多作物中都发现存在几个栽培类群，每一个类群都有不同的用途，由此它们都具有适应其用途特定的形态学和生理学特征。如红根甜菜（red beetroot）、菠菜甜菜（spinach beet）、饲料甜菜（fodder beet）和糖用甜菜（sugar beet）在植物学上都属于甜菜（*Beta vulgaris*）。通常很少进行这些种群间的有性杂交，因为杂交种往往具有不符合植物生产的性状。但某一类群中，有可能存在抗性基因资源，它们可以作为该类植物种有用的抗性来源。

多年生羽衣甘蓝（*Brassica oleracea* var. *ramosa*）对根肿病 [club

root，由根肿菌（*Plasmodiophora brassicae*）产生] 的抗性比卷心菜（*Brassica oleracea* var. *capitata*）要强。同样，利用冬小麦和春小麦杂交后代可以增加冬小麦和春小麦抗性的遗传多样性。

（4）地方品种。地方品种也是一个有用的抗性来源。它们往往具有较好的遗传多样性，以较古老的种植方式被长期保存了下来。特别是当这些地方品种所来源的地区是病虫害流行地区时，经过长期自然选择，这些品种中常常存在着优良的抗性基因。

一个典型的例子如黑麦品种 Ottersum 对鳞球茎茎线虫（*Ditylenchus dipsaci*）具有抗性，通过将这个荷兰的地方品种与品种 Petkuser 杂交育成了抗病新品种 Heertvelder。因此，无论过去和现在，地方品种都是重要的抗性来源。

目前，地方品种的搜集和保存是种质资源保存（基因银行）的首要任务。由于世界各地越来越多的地方品种被现代品种所替代，不可避免地造成了生物多样性的巨大损失。

（5）野生祖先种。现代栽培作物的祖先种仍然以野生物种方式存在于自然界中，这些野生种和栽培种属于相同的植物种群，它们之间可以相互杂交且不存在染色体配对和育性方面的问题。野生种中存在大量包括抗性变异的遗传变异。有害生物和寄主在长期的共同进化过程中（第四章）形成了寄主抗性的大量变异（有害生物在致病能力和侵染能力方面也存在变异）。当然，在这些野生种的抗性供体中，也携带大量栽培物种不需要的野生不良性状。

在起源中心常发现对禾谷类锈菌的抗性资源。例如，野生二棱大麦（*Hordeum spontaneum*）中存在对栽培大麦（*Hordeum vulgare*）所有病原菌抗性的丰富资源。栽培大麦是由野生祖先种经过长时间进化而来，后者在中东和北非地区仍然是一种常见的杂草。野生大麦和栽培大麦归属于同一生物学物种，两者可以自由杂交。

在伊朗野生菠菜中发现了对菠菜霜霉病的抗性资源。

（6）亲缘物种。当种内找不到抗源时，可以在该物种的亲缘物种中发掘抗源。

在马铃薯育种中，野生亲缘物种常常被用作病虫害的抗性来源。马铃薯野生种是对致病疫霉菌非常重要的抗病基因的来源。遗憾的是，这些抗病基因的使用周期都很短。在一些茄属（*Solanum*）种中发现了对马铃薯金线虫和马铃薯白线虫的抗性，如安第斯种马铃薯（*Solanum tuberosum andigena*）存在对生物型 R01 和 R04 的抗性，马铃薯野生种

（*Solanum kurtzianum*）中存在对生物型 R02 的抗性，马铃薯野生种（*Solanum vernei*）中存在对生物型 R03、R05、Pa1、Pa2 和 Pa3 的抗性，马铃薯野生种（*Solanum multidissectum*）中存在对生物型 Pa1 的抗性。目前，有几个马铃薯野生种被用作晚疫病的新抗源。在马铃薯二倍体栽培种（*Solanum phureja*）中还发现了对于细菌青枯雷尔氏菌的抗性资源。

　　同样，在番茄中几乎所有抗源都来源于亲缘物种，如秘鲁番茄（*Solanum peruvianum*）、多腺番茄（*Solanum corneliomuelleri*）、多毛番茄（*Solanum habrochaites*）和野生醋栗番茄（*Solanum pimpinellifolium*）。1986 年，欧洲发现新番茄粉孢菌时，栽培番茄（*Solanum lycopersicum*）中均未发现对其具有抗性，而在野生亲缘物种中发现了一些抗源。这些野生亲缘物种可以和栽培番茄种杂交，因此，成功地实现了抗性转移（Lindhout et al. , 1994）。咖啡的野生亲缘物种是中果咖啡（*Coffea canephora*），对咖啡锈病具有良好抗性，它很容易和栽培种小果咖啡（*Coffea arabica*）进行杂交，通过远缘杂交已经将其中一些主效抗病基因转入到栽培种咖啡中，这些来自野生亲缘种的基因（S_H6 至 S_H9）比来源于小果咖啡种内的 S_H 基因的抗性更为持久（Kushalappa，Eskes，1989）。

（7）亲缘属。亲缘属也是抗性的重要来源，但这些物种中抗性基因的转移是一个长期而又困难的过程，并且获得的这种抗性不一定比栽培种中的抗性更持久。

　　将黑麦（*Secale cereale*）的一个染色体片段导入到一些普通小麦中，获得的易位系表现出对小麦条锈、叶锈和秆锈的抗性。其他一些近缘属，如簇毛麦属（*Haynaldia*）、冰草属（*Agropyron*）、山羊草属（*Aegilops*）也是栽培种抗性的重要来源，但抗性基因导入栽培种后很快被病原生物新的生理小种克服。

从栽培品种（第1点）至亲缘属（第7点），抗性基因导入的难度是逐渐增加的（图 7.1）。外引品种、原始品种和野生祖先种的抗性基因材料被应用时，需要多次回交和选择以去除来自供体亲本的大量不利性状。此外，在利用亲缘物种和亲缘属抗性基因时，由于种间杂交的局限性、杂种的育性差、染色体配对和交换困难，需要诱导创造染色体易位系。尽管如此，也很难去除供体物种中所有的不理想性状。

　　由于来自野生供体和栽培物种的染色体或染色体片段同源性差、染色体配对和重组困难，供体亲本染色体区段常以大的区段整体遗传下去。

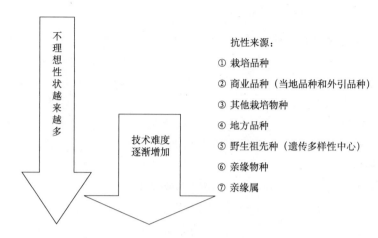

不理想性状越来越多

技术难度逐渐增加

抗性来源:
① 栽培品种
② 商业品种（当地品种和外引品种）
③ 其他栽培物种
④ 地方品种
⑤ 野生祖先种（遗传多样性中心）
⑥ 亲缘物种
⑦ 亲缘属

图7.1　抗性基因来源及这些抗源中不利性状的趋势

在该区段中，不仅有目标基因，也有控制不利性状的邻近基因。如7.11.2中提到的例子，从长穗偃麦草（*Agropyron elongatum*）中导入抗叶锈基因到小麦的同时，与其紧密连锁的、影响面粉色泽的不利性状也导入了（Knott，1989）。

在抗性位点附近的重组频率较低时，可以采取诱导产生染色体易位的方法导入目标基因。然而，易位系的精确诱发和鉴定存在较大的随机性。

黑麦已经被小麦育种家用作小麦抗性基因的重要抗源，小麦和黑麦属于不同的属，即小麦属（*Triticum*）和黑麦属（*Secale*），它们可以相互杂交，杂交F_1中很少观察到染色体配对和属间染色体重组。通过诱导染色体易位，黑麦1RS染色体区段可以易位到小麦的1BL染色体上，在黑麦1RS上存在3～4个抗性基因：*Yr*9（抗小麦条锈病）、*Lv*26（抗小麦叶锈病）、*Sr*31（抗小麦秆锈病），可能还有*Pm*8（抗小麦白粉病）。在有些国家，超过50%的小麦品种都含有这一染色体易位系。

对于栽培作物物种而言，采用野生种和亲缘种属作为抗病基因供体的优点在于这些基因是"全新"的抗病基因，因此丰富了作物对有害生物抗性的遗传多样性（见前面第2点，本书提到的遗传多样性对于抗病育种非常重要，因为如果大面积应用同一抗病基因会导致遗传脆弱性）。目前还很难预测亲缘种属中导入的抗性是否比作物本身的抗性更持久。

7.2.1.1　非寄主物种作为抗性的来源

如果育种人员决定从亲缘种属中引入抗性，对于目标有害生物来说，这种抗性可以是寄主抗性，也可以是非寄主抗性。

　　文献中常常有这样的描述："物种 X 可被用作病原生物 Y 的抗性来源，因为 X 对 Y 具有高水平的抗性"。这种描述让人费解，因为既可以理解为 X 物种的所有基因型都是抗性类型（X 物种是一个非寄主或边缘寄主，见 §5.3），也可以理解为在 X 物种中能找到高抗的基因型（这种情况下，X 物种是一个寄主）。以番茄-新番茄粉孢菌的互作系统为例，1986 年前，栽培番茄中没有抗性可以利用，而在一些野生的亲缘种属如秘鲁番茄中，发现一些品系具有抗性，在秘鲁番茄中也有许多感病品系，因此这个种不是番茄粉孢菌的非寄主。

　　野生节节麦（*Triticum tauschii*），又名粗山羊草（*Aegilops squarrosa*）对多种小麦病原生物有良好的抗性，用作小麦抗性改良的抗源，具有丰富的抗性遗传多样性。它也是小麦病原生物的寄主。

育种中使用的抗性供体通常都属于目标有害生物的寄主范畴。具有专化特性的有害生物即寡寄主型（见 §5.3.3），常常只侵染具有亲缘关系的物种。分类学类群或可杂交类群间的界限一般比专化病原生物寄主范围的界限更窄。两个亲缘关系比较近的、可以相互杂交的物种，一般不会属于某一病害的寄主和非寄主。

　　以莴苣和小麦为例，栽培莴苣是霜霉病菌（莴苣盘梗霉）的寄主，莴苣的一个亲缘种生菜则对霜霉病菌表现完全抗性。在实验室中，至多在某些基因型上观察到一些侵染痕迹，该物种可以很容易与栽培莴苣进行杂交。黑麦是小麦叶锈病、条锈病和小麦白粉病的非寄主物种，尽管在严格的鉴定条件下可观察到一些苗期表现为感病的情况，黑麦中存在对小麦病害的抗性基因（R 基因）。

另一方面，两个植物物种都是某病原菌的寄主的情况也很常见，但它们亲缘关系较远，难以进行有性杂交。

　　例如，番茄是番茄白粉病菌（新番茄粉孢菌）的寄主，在温室内进行鉴定时，病原菌也可以侵染茄子（*Solanum melongena*）、烟草（*Nicotiana tabacum*）和拟南芥。虽然番茄和烟草都是番茄白粉病菌的寄主，但它们不能进行有性杂交。因此，该病原生物实际不是寡寄主型。

7.2.2　获得抗性的策略 1：诱导突变体

在遇到以下情况时可以选择诱导突变体获得抗性的策略：
（1）找不到其他已知的抗源，或是已有的抗性易于被克服；

（2）尽管存在抗源，但这些抗性不能或很难被引入，例如在甘蔗、马铃薯和胡椒等无性繁殖作物中。

虽然很简单，也不能指望很快通过突变的方法将感病品种转变为抗病品种，并且保持原有农艺性状。突变通常也带来一些负效应，使获得的抗性突变体的应用价值降低或根本没有价值。

利用诱变方法已经在几个大麦品种中获得对禾本科白粉病菌的抗性，该突变基因都在同一个位点，即 *mlo* 位点上（编号分别为 1～32，表示它们分别是独立的突变事件）。*mlo* 基因突变产生的一个负效应即突变体的产量潜力下降，因为即使在没有病原菌存在时，仍然会自发产生坏死斑，坏死斑产生的程度与 *mlo* 存在的遗传背景有关。尽管早在 1942 年就成功获得了第一个突变体，也进行了大量努力，迄今只有一个人工诱发的突变体具有较高的商业价值（在埃塞俄比亚大麦地方品种 L92 中鉴定的 *mlo-11* 位点是自发产生的）。唯一被成功商业应用是人工诱导突变体 *mlo-9*，它被应用到大麦品种 Alexis 中。目前，该 *mlo* 突变体被大面积商业利用，至少在 143 个欧洲春大麦品种中含有 *mlo*，在西欧至少 50％ 的大麦种植面积种植含 *mlo* 的大麦品种。*mlo* 介导的抗性性状是隐性的，其作用机制是细胞受到伤害时胼胝质沉积的调控机制丧失了。

通过突变产生抗性的另一个成功例子是抗黄萎轮枝菌胡椒薄荷（*Mentha piperita*）品种 Micham。胡椒薄荷是六倍体，是种间杂种的无性繁殖后代。Micham 虽然感病但品质优异，通过传统的杂交育种和选择难以获得优质的抗病新品种。因此，决定利用突变技术获得抗病的"Mitcham"突变体，历经长达 15 年的艰苦努力，终于获得了既具有 Mitcham 的优良农艺性状，又具有对黄萎病抗性的 Mitcham 突变体（Murray，Todd，1972）。

在考虑采用突变技术诱导抗性时，还需要考虑以下几个方面的问题：

（1）突变获得的抗性不一定是持久的，因为病原菌会进化出新的毒性小种克服抗性；

（2）突变产生抗性突变体的频率非常低，需要对大量的突变群体进行筛选，这不但需要大量的工作，也需要行之有效的筛选方法；

（3）突变常常会带来一些负效应，例如 *mlo* 突变体有坏死斑，因此需要通过杂交和筛选将负效应去除。

通常采用的突变方法包括化学试剂处理（如 EMS）或 γ 射线处理，在组织培养过程中也会产生大量的突变，以前认为利用这种方法筛选到抗性突变体的频率要比常规突变方法高。但近期利用组织培养产生突变的文献越来越少,因为先前报道认为体细胞变异的优势未得到充分证实且应用前景并不乐观（见§7.3.2）。

7.2.3　获得抗性的策略2：利用基因工程进行遗传修饰

细胞学和分子遗传学技术的结合使得直接从其他物种中引入基因变为可能,即转基因或遗传修饰技术。转基因技术的优点表现在以下几个方面：

（1）理论上可以自由选择抗性的供体。编码抗性基因的 DNA 序列可以来源于病毒、微生物、植物或动物,通过转基因的方法,植物可能会获得一个全新的防卫反应机制。

（2）可以将有效的抗性基因转入到农艺性状优良的品种中。转基因可以完全保留原有品种的遗传组成,这在利用常规育种方法时是很难做到的,当然转基因也有可能带来一些不理想的性状。

利用转基因技术进行抗性改良时存在的一些缺点或问题：

（1）有些植物如单子叶植物和豆科类植物还很难进行遗传转化,存在一些技术瓶颈。

（2）转基因作物及其产品被公众认可和接受的程度仍然是一个棘手的问题。

公众认可度对于转基因产品的栽培、生产和消费都起着至关重要的作用。反对意见主要关注由转基因作物带来的环境安全问题、转基因对人类和其他动物健康的影响以及由于高科技改变"自然状态"带来的伦理道德问题。

（3）转入抗性基因的效果往往不如期望的那么有效,有时候抗性还会消失（见§7.2.3.3）

来自家蚕的 Cecropin B 基因（杀菌肽 B）已经被转入一些植物物种中。杀菌肽是蚕在抵御天敌入侵时所利用的抗细菌化合物,利用该基因有望提高对烟草假单孢杆菌及其他病原细菌的抗性。一些研究报道认为该基因是有效的（Jaynes et al. , 1993; Jan et al. , 2010）,也有研究者认为是无效的（Hightower et al. , 1994; Allefs et al. , 1995）。作者认为转入杀菌肽基因后未能提高抗性水平可能是由于杀菌肽被植物体内肽酶降解造成的,通过修饰编码区序列或将其连接在其他肽段上可以阻断这种降解过程；另一种阻止杀菌肽在植物体内降解的方法是在其前面加一个信号肽使其分泌至胞外。

7.2.3.1　植物中病原菌专化的抗病基因

20 世纪 80 年代，从植物病原细菌中克隆到了第一个无毒基因，直到 1994 年才从植物中克隆到与其对应的抗病基因（符合 gene-for-gene 关系），即番茄中抗番茄假单胞菌（*Pseudomonas syringae* pv. *tomato*）的抗病基因 *Pto*。同年报道了多个抗病基因被克隆（表 7.1），它们都是小种专化性抗病基因，与活体或半活体病原菌之间符合基因对基因假说的互作方式（见 §5.4.1）。

表 7.1　已克隆的小种专化性抗病基因

互作系统	基因名	年份	克隆方法	基因家族[b]
玉米-玉米圆斑病菌 ［*Maize-Cochliobolus*（= *Helminthosporium*）*carbonum*］	*Hm*1[a]	1992	转座子标签	
番茄-番茄假单胞菌 （*Tomato-Pseudomonas syringae tomato*）	*Pto*	1994	图位克隆	蛋白激酶
番茄-番茄叶霉菌 （*Tomato-Cladosporium fulvum*）	*Cf*9	1994	转座子标签	LRR
	*Cf*4	1997	同源序列	
	*Cf*2	1996	图位克隆	
	*Cf*5	1997	图位克隆	
拟南芥-假单胞菌 （*Arabidopsis thaliana-Pseudomonas*）	*Rps*2	1994	图位克隆	NBS-LRR
	*Rpm*1	1995	图位克隆	
烟草-烟草花叶病毒 （*Tobacco-TMV*）	*N*	1994	转座子标签	NBS-LRR
亚麻-亚麻锈菌 （*Flax-Melampsora lini*）	L^6	1994	转座子标签	NBS-LRR
	L^2, L^{10}	1995	同源序列	
水稻-百叶枯病菌 （*Rice-Xanthomonas oryzae*）	*Xa*21	1995	图位克隆	LRR 蛋白激酶

a 第一个被克隆的病原菌专化的抗病基因，但不符合经典的基因对基因假说。*Hml* 通过控制真菌毒素的分解而发挥作用。

b LRR，富亮氨酸重复区；NBS，核苷酸结合位点（见 §5.4.1.3 的表 5.4）。

转座子标签和图位克隆是分离抗病基因的主要方法。对已克隆抗病基因编码的蛋白序列分析发现，它们具有保守的结构域（见 §5.4.1.3），同源克隆策略也可用于克隆抗病基因。

　　一些抗病基因及其对应的无毒基因的克隆，吸引了科学家们在蛋白水平上开展基因-基因互作关系的研究（见§5.4.1.3），这些研究成果最终可以应用于抗病育种。目前，应该需要注意以下几点：

　　（1）从植物中分离抗病基因并非易事，而通过连续回交的方式将抗病基因从供体亲本中转移到受体品种中去（见§7.11.2），或者将供体抗病基因转入到育种程序中的基础亲本中是比较经济而又容易的。

　　（2）需要提醒的是这种类型的抗病基因抗性并不持久（§5.4.1.8），事实上，表7.1中的所列出的抗病基因的毒性基因均被找到。因此除非有一个很好的设计策略，否则将这些基因引入到品种中的成效会很小甚至造成无功而返。

　　De Wit 设计了一个针对病原菌专化抗性改良的策略，其概要如下：

　　已克隆了番茄的抗性基因 Cf9 和番茄叶霉菌的无毒基因 Avr9，这两个基因在同一植物中的组成型表达会导致过敏反应的发生（见§5.4.1.7），因此是致死的。

　　将 Cf9 基因构建于一个组成型启动子之后，可以转入到，包括番茄叶霉菌的非寄主物种马铃薯。但如果将 Avr9 也转入到同一马铃薯植株中，两个基因同时表达会导致细胞坏死。基因是否表达与基因编码区前面的启动子有关，因此可采用一个特异的启动子，使基因只在被破坏的组织或当细胞被病原菌或昆虫等生物侵染时特异诱导表达。例如，病程相关蛋白基因的启动子（见§5.2），可以使 Avr9 只在组织被破坏时受到致病疫霉菌诱导表达。这样，Cf9 和 Avr9 相互作用只导致侵染的细胞坏死，而这种过敏反应的产生可以阻断病原生物的侵染。目前距离这一策略的实际应用还有很长的路要走。需要注意的是，利用这一策略时，Cf9 表现的已不再是病原菌专化的抗性。Custers（2007）分析了在利用这一策略时需要注意的相关问题，如在马铃薯中 Avr9 转录产物的效应以及植物中病原生物诱导型启动子的筛选等。

　　（3）表7.1中列出的抗性基因是病原生物专化的，难以在非寄主的物种中发挥作用。为什么要将亚麻中的抗亚麻锈菌基因 L6 转入到烟草中？亚麻锈菌并不侵染烟草，L6 基因只能在亚麻中发挥作用，采用常规杂交育种策略可以方便地进行 L6 基因的转育，如果将对较宽寄主范围的病原菌有抗性的基因转入到同样受该病原菌侵染的其他物种中，这种抗性也是有用的。

　　番茄和辣椒的白粉病是由辣椒白粉病菌（Leveillula taurica）引起的。Lv 是来自野生智利番茄的抗病基因。20世纪80年代，Lv 基因被转育到栽培番茄中，至今仍是番茄抗白粉病的唯一抗源。但在辣椒中还没有鉴定出对辣椒白粉病菌有效的抗病基因，因此，可将 Lv 基因转育

到辣椒中提高其对白粉病菌抗性（Chunwongse et al.，1997；Lefebvre et al.，2003）

（4）抗病基因特定的抗性反应是复杂信号途径中一系列相关基因协同作用的结果。在杂合的转基因植物中，抗病基因可能无法正确与下游基因响应，或者抗病基因的翻译产物有可能被植物的多肽所降解。

控制部分抗性的抗病基因也可以是病原生物特异的（§5.4.2.4）。部分抗性性状一般是数量性状遗传方式，每一个基因具有很小的遗传效应（§5.4.2.5），因而难以克隆。将来这些基因的克隆还是有望实现的，但通过遗传转化的方法将这些基因转入植物中不易达到足够的抗性水平，而通过传统的杂交聚合部分抗性的方法应该更为经济有效。

7.2.3.2　广谱抗性基因

广谱抗性基因（见§5.2）对几个或许多有害生物均具有良好的抗性，因而在植物保护中有广阔应用前景。应用于提高广谱抗性的基因其先决条件是参与防卫反应的物质是最初的某一个基因的产物，而不是多个基因经过多个复杂生物合成途径产生的代谢产物。

有应用价值的抗性基因既可能参与主动抗性，也可能参与被动抗性。下面举例说明被动广谱抗性基因的成功应用。

Hilder 等（1987）从豇豆中克隆了胰蛋白酶抑制剂基因。豇豆中胰蛋白酶抑制剂的含量和抵抗豆象的能力呈正相关，这种化合物对许多昆虫均具有毒性，但也有可能对人体有毒性。将豇豆 mRNA/cDNA 中分离的胰蛋白酶抑制基因转入到烟草中，转基因烟草对烟草花蕾线虫（*Heliotis virescens*）的抗性明显增强。然而，来自植物的抵抗昆虫的基因产生的抗虫效果及其商业开发应用价值还需进一步验证（Hilder，Boulter，1999）。

在§5.2中介绍了利用来自菜豆的几丁质酶基因在烟草和油菜中表达提高主动广谱抗性的例子（Broglie et al.，1991）。

通过转基因提高抗性水平的效果难以预料，将几丁质酶基因转入黄瓜和胡萝卜中可以很好地进行验证（Punja，Raharjo，1996）。几丁质是真菌细胞壁的主要成分，几丁质酶的主要功能是降解真菌的细胞壁，将几丁质酶基因转入到胡萝卜中，转基因植株表现出对五种真菌病害中的三种抗性增强；而在转几丁质酶基因黄瓜植株中却未见明显效果，包括在胡萝卜中可有效提高对灰霉菌抗性的基因在黄瓜中也没有效果。

　　许多种蚜虫在遇到捕食者攻击时会分泌外激素信息素［phero-mone，sesquiterpene hydrocarbon（E）-β-farnesene（Eβf）］，以提醒其他蚜虫尽快逃离。腺毛野番茄（*Solanum bertholthii*）产生比较纯的外激素信息素（pheromone，in foliar trichomes），胡椒薄荷也能产生这种外激素。Beale 等（2006）将来自薄荷的一个 Eβf 合成酶基因的 cDNA 构建于 35S 启动子后面，然后转入到拟南芥中，蚜虫对转基因植株表现出很强的警戒反应。

　　事实上，仅通过对启动子的修饰也有可能会提高植株的抗性。如将病程相关蛋白基因（PR 蛋白）与组成型启动子构建融合载体，然后转化植物，PR 蛋白可组成型表达，一定程度上提高了转基因植物对病害的抗性。

7.2.3.3　来自于非植物的基因

　　如前所述，用于基因工程进行遗传改良的基因可以来源于任何生物物种，根据构建目标基因载体的目的不同，将目标基因构建在合适的启动子后面，然后通过转化整合到植物基因组中。

　　目前比较熟悉的例子是编码苏云金芽孢杆菌毒蛋白基因在非食用作物保护中的转基因应用。该毒蛋白特异地表现为只对昆虫有毒性，一些细菌菌株产生的毒蛋白对甲虫有毒性，有些则对蝴蝶和蛾子有毒性，而有些则对苍蝇有毒性。克隆编码毒蛋白的基因如 *Bt* 毒蛋白基因，并将之转化到其他物种中可以产生毒蛋白（Vaeck et al.，1987）。利用基因工程方法，目前已将 *Bt* 毒蛋白基因转化到棉花、玉米、烟草中用于抵御食草类昆虫。

　　遗憾的是，转 *Bt* 毒蛋白的效果并不稳定，昆虫可能通过突变产生对毒蛋白的抗性。转基因作物种植面积越广，这种抗性被**克服（break down）**的概率就越大。当常规栽培品种大面积地被转基因品种所替代时，正好为昆虫突变提供了较大的选择压力。为提高转基因作物中 *Bt* 毒蛋白抗性的稳定性，可以同时转入不同类型的 *Bt* 毒蛋白，以增强对不同类型害虫的抗性。

　　以下是另一个转基因获得抗性的策略。烟草假单胞菌产生的"烟毒素"（tabtoxin）在侵染烟草时发挥重要作用。这种毒素有寄主专一性，假单胞菌本身是对毒素不敏感的，但其他物种如大肠杆菌（*Escherichia coli*）对毒素则是敏感的。将丁香假单胞菌的 DNA 片段转化到大肠杆菌中，并筛选鉴定对毒素敏感的转化子。结果发现其中一些大肠杆菌的转化子对烟毒素表现耐受性，表明该转化子含有丁香假单胞菌中具有的耐自身毒素的基因。将这一基因转化到烟草中，结果发现转基因烟草表现出对丁香假单胞菌有明显的抗性（Anzai et al.，1989），并且这种抗性是可以遗传的（Batchvarova et al.，1998）。

将一个基因转入到植物后，也有可能达不到预期的效果。例如，从桑蚕中分离的杀菌肽基因（见§7.2.3例子）以及大麦中分离的高苏氨酸衍生物（hordo-thionin）基因，将这些基因转化到烟草和番茄中，结果发现未能提高植物对细菌病害的抗性，其原因可能是基因产物在转基因植物中被很快降解，或产物未被运输到质外体以作用于病原细菌。

7.2.3.4　来自病原生物的基因

病毒的基因组相对较小，且结构研究透彻，因此，从病毒中分离基因相对比较简单，可将这些基因转入作物以保护植株免受病毒侵染。

众所周知，当植物被一种病毒侵染后，该植株受同样的病毒或相似病毒二次侵染时，其发病进程会延迟甚至受阻。这种现象被称之为**传染免疫（premunition）**（交叉保护，与诱导获得抗性同义）。应用相对温和的菌株进行预接种，也会出现同样的现象，其原理基于相关病毒之间的干扰，因而可能应用于植物抗病毒的分子育种。将能够引起预免疫的病毒基因组部分引入到植物中，而将病毒基因组其他成分去除掉。病毒中能引起相应免疫的主要成分是编码外壳蛋白的基因。其他的病毒基因，甚至是类病毒序列均可能在植物中产生预免疫的效果。事实上，植物中引入了组成型启动子加上病毒基因后（如外壳蛋白基因），可以获得持久并可遗传的预免疫特性。这种基因工程抗性被称之为"外壳蛋白介导的抗性"，或者是"病原生物介导的抗性"。

抗木瓜环斑病毒（PRSV）的木瓜，兼抗黄瓜花叶病毒（CMV）、胡瓜黄花叶病毒和（或）西瓜花叶病毒的夏南瓜都是利用基因工程方法进行抗性改良并在美国释放后成功用于商业利用的事例（Gottula，Fuchs，2009）。在烟草和马铃薯上也有成功的事例，如利用烟草花叶病毒、番茄X病毒、番茄环斑病毒的外壳蛋白基因进行转基因，显著提高了它们对相应病毒的抗性。

同时还可以将"卫星RNA"转入植物中。这种卫星RNA存在于病毒中，它可以抑制病毒的繁殖和表达：卫星RNA如同寄生物一样存在于病毒中。

另一个途径是利用病毒的反义基因。转录的反义基因可与病毒基因序列互补形成双链，从而干扰病毒基因的表达和繁殖。

"病原生物获得抗性"已经应用于昆虫和线虫。针对昆虫和线虫的关键目标基因，设计构建特殊的转基因载体干扰目标基因表达，这种转基因载体采用CaMV35S强启动子，其后面的表达区域可以插入到植物基因组中并与目标基因形成双链RNA。有趣的是，植物体内双链RNA可以干扰昆虫和线虫目标基因的表达，导致幼虫发育迟缓甚至死亡。

　　RNA 干扰的方法也已经成功应用于提高玉米对玉米根萤叶甲 (*Diabrotica virgifera*) 的抗性 (Baum et al.，2007)。

　　Q25：假设你有一个甜菜育种计划，需要进行线虫类病害的抗性改良。而在西欧的现代甜菜品种中没有可用的抗源，请你给种质资源库写一份申请，希望引进不同的材料以寻找抗源。申请中应至少涉及 4 种不同类型材料并按优先引进筛选的顺序排序。

　　Q26：请列举出利用转基因方法成功获得抗性品种时可能存在的限制性因素（在狭义层面上）。

7.3　抗性鉴定的场所

7.3.1　室内鉴定或室外鉴定

　　植物的抗性鉴定可以在田间、温室或实验室中进行。在实验室或温室中，光照、水分和温度等环境条件可以得到更好的控制，还可以选择病原菌的生理小种（见§7.6）。

　　田间鉴定只适用于大田作物而不适于温室作物。田间鉴定的方法简单、花费小，并且可以同时评价其他相关农艺性状。由于种植条件和商业生产的种植条件一致，鉴定结果更为实用，但田间鉴定也存在一些局限性。

　　例如，田间鉴定由于受种植季节的限制，抗性鉴定不能在一年中任意时间进行。有时由于病原生物在田块中混杂分布，会导致一些感病材料因**逃避侵染**（**escape infection**）而被错误地鉴定为抗病。为了降低这一风险且保证抗性的准确性，在田间鉴定时，需设置足够多的感病对照品种并进行多次重复鉴定。

　　田间鉴定的另一个不利因素是病原生物的生长受到环境条件的影响，干旱等非生物或生物胁迫条件有可能会造成田间病原生物群体结构的变化。

　　对于一年中存有多个繁殖周期的病原菌（如白粉病、锈病、致病疫霉菌），田间鉴定是多循环的鉴定。关于田间鉴定的局限性将在§7.9 中讨论。

　　温室鉴定常常采用幼苗或幼嫩的植株进行鉴定，有时也可进行成株鉴定。接种条件比田间鉴定更易控制，能保证最佳的侵染环境，如最佳的空气湿度和温度。这样逃避病害的概率非常低，结果更为可靠。每次鉴定可以只观察对一种病原菌接种的抗性反应，而田间鉴定时，多种病原生物和害虫可能同时存在。温室鉴定通常是单循环的鉴定，对于多循环病原生物也只采用病原生物或昆虫的第一个有性世代。

温室鉴定的局限性是不能完全反应田间抗性的真实情况的，温室鉴定条件下鉴定材料一般要比田间条件下更易感病，可能是因为温室的发病条件要比田间更充分，如接种的浓度、环境条件以及植物的生长时期等。

在温室中用小麦叶锈菌接种一些大麦，有些大麦品种的幼苗上能看到一些斑点甚至一些锈菌孢子堆，说明大麦对小麦叶锈菌在一定程度上感病。然而，据作者所知，在田间迄今还没有发现小麦叶锈菌可在大麦上繁殖。

实验室可以对发芽的种子、叶盘、离体叶片或离体培养物进行抗性鉴定（见§7.3.2）。鉴定的优缺点和温室鉴定相似，但更为明显。

由于叶盘和离体叶片很容易衰老，常常需要在琼脂上加入苯并咪唑以减少蛋白质降解使叶片处于保绿状态，但过多的苯并咪唑会因影响侵染进程而产生抗病表型，从而影响鉴定结果的可靠性。

7.3.2　离体筛选

20世纪80年代，细胞和组织培养技术取得了重大进展，也可以用单个细胞或愈伤组织在培养基上进行抗性鉴定筛选。离体筛选的优点在于：

（1）在很小的空间就可以检测大量的单细胞或愈伤组织（培养皿或锥形瓶）；

（2）筛选可以在非常标准化和可控的条件下进行，在培养基中加入的筛选压可保证完全一致；

（3）如果组织培养时使用的是商业化品种的外植体，则再生植株本身就具有极高的商业利用价值。

离体筛选的常用程序如下：首先酶解植物离体组织获得单个细胞、原生质体，将悬浮细胞系、原生质体或早期再生产物如幼胚或微愈伤组织置于选择培养基中，如加入含有死体病原菌产生的毒素的培养基；在后续的筛选循环中对存活的个体需要进一步加大筛选压。其他选择过程中存在的主要遗传变异问题对于离体筛选没有影响，因为所有的细胞或愈伤组织都是来源于同一个植株。由此可见，通过突变处理或利用细胞变异筛选抗性突变是可行的。

存活下来的细胞、幼胚或愈伤组织经继代产生再生植株。在早期经过毒素压力筛选，因而再生的植株具有对死体营养型病原菌的抗性。还需对整个植株进行全面的抗性鉴定，包括当代及其产生的种子后代（种子繁殖作物）或繁殖产生的无性系后代（营养繁殖作物）。

在进行离体筛选时，不能将组织培养物直接与病原生物接触，许多活体营养型病原菌会使得分化愈伤组织不完全。培养基里的营养成分也是死体营养型病原生物的营养源，这将导致这些病原生物过度生长，甚至超过营养的范围。原生质体和细胞的悬浮液还会被一些病毒侵染（见Warren，Hill，1989 的例子）。

在本书中提到的双重培养是指一些特殊的病原菌在离体植物组织中培养。离体筛选的方法也有以下不足之处：

（1）经筛选后的细胞或愈伤组织可以存活，其原因可能是生理的差异而非遗传差异，这种现象称为再生植株适应性。一旦筛选压不存在，抗性也可能会随之消失，即使重新再加入筛选压，再生植株还是表现为敏感。

该方法成功与否，选择合适筛选剂（压）至关重要。活体营养型病原菌、线虫和昆虫类很难进行离体抗性筛选，这些有害生物的侵染过程不依赖于毒素的形成。此外，许多对活体营养型病原菌的抗性依赖于植物组织的快速坏死（过敏性反应），这种类型的抗性在组织培养过程中很难表现出来，因此也很难筛选出具有这种抗性的细胞，因为具有抗性的细胞可能由于已经死亡而无法获得抗性再生植株。

（2）这种方法无法用于发现依赖于完整植株特征的抗性，如表皮毛的再生和伤害后迅速产生木栓组织的能力。

离体筛选抗性已成功用于对盐、铝和除草剂的抗性筛选。但这种方法尚无筛选出具有商业价值的、对产生毒素的病原生物（死体营养型）有抗性的成功事例。一些已报道的筛选出来的抗性也缺乏持久性。

20 世纪 80 年代，离体筛选抗性引起人们的极大兴趣，现在这种方法已经过时。

Q27：讨论一下利用离体（细胞水平上）筛选活体营养型和死体营养型病原菌抗性的可行性。这两种类型病原菌中哪一种更适合用这种方法？解释原因并描述操作流程。

7.4　抗性鉴定的时期

7.4.1　苗期或成株期

在进行温室鉴定、实验室鉴定或小范围的田间鉴定时，必须确定是在苗期还是在成株期进行抗性鉴定。

苗期鉴定相对于成株期鉴定，其优势在于：

（1）需要较少的空间；

（2）播种后很快就可以进行鉴定；

（3）苗期接种比成株期植株接种效果更一致；

（4）苗期植株的发育时期更一致。

当需要对不同基因型的寄主作物进行成株期抗性鉴定时，由于基因型不同，其发育时期也不同，一些已经结实，而另外一些还在开花，这会导致这些材料的成株期的抗性接种鉴定难以保证在同一个发育时期进行。

苗期抗性鉴定的结果往往不一定能预测田间成株期的抗性。苗期的过敏反应型抗性（见§5.4.1）在成株期植株上也是有效的，但也有很多与过敏性抗性有关的基因只在成株期植株上起作用。

对锈病和白粉病的部分抗性在成株期比苗期更为明显。部分抗性基因的有效性可能部分依赖于植物的发育时期。苗期抗性基因在成株期可能无效，而成株期抗性基因也可能在苗期无效。因此，只进行苗期抗性鉴定会遗漏掉许多抗性。

一些专一地侵染植物果实、花和木质茎的病害，只能进行成株抗性鉴定。散黑穗病和腥黑穗病都是穗部病害，禾谷类赤霉病也是典型的穗部病害；由小麦基腐病菌引起的小麦眼斑病是土传病害，影响抽穗期植株分蘖的基部；同样，由小麦叶斑病菌引起的麦类颖枯病在穗部和上部叶上发生，以上病害必须在田间进行成株期抗性鉴定。

7.4.2　离体接种部位

进行植株离体接种鉴定可以避免成株期和田间鉴定的局限性。离体鉴定的材料可以是叶盘、离体叶片，甚至树木的枝条都可以用来鉴定（见§7.3.1）。离体鉴定时需要特殊管理，且结果往往不能代表整个植株的抗性，但用这种方法可以对单个植株进行多次重复鉴定。

PRI-DLO 发明了利用苹果枝对苹果梭疤病菌（*Nectria galligena*）的抗性的鉴定方法（Van de Weg，1988）。在温室中对果树离体枝条进行接种，在高湿度条件下，高感和中感材料很快就会表现出病原菌分布的差异。与在果园中的鉴定方法相比，离体鉴定方法更易控制接种**潜育**

（**incubation**）条件（尤其是可保持较高的湿度），还无需对整株果树接种而导致树木死亡。

　　然而，这种方法难以对抗性程度进行量化，因为在非自然的连续高湿度条件下，离体树枝活力迅速下降，其抗性也会降低。目前比较受欢迎的做法是在盆钵中进行根茎点嫁接的方法（Van de Weg et al.，1988），经过一个生长季节后，将嫁接处新长出的嫩芽用于接种，定期测量发病部位溃烂长度，直到植物材料死亡部位占 20%。使用这种根茎嫁接的鉴定方法得到的结果能真实反应品种抗性的差异。

　　离体叶片鉴定得到的抗性鉴定结果一般比实际抗性弱，Liu 等（2007）在研究拟南芥对炭疽菌（*Colletotrichum*）的抗性时就发现了这一现象。

7.5　抗性鉴定的接种方法

抗性鉴定时，有害生物的接种技术至关重要，要尽可能保证每个植株或者植物的每个部位的接种量一致，避免由于接种量少引起的逃避，使不同植物材料间表现侵染水平上的差异。

接种物准备：为了保证接种均匀，并保证接种量一致，一般将接种的病原生物与液体或粉末介质充分混匀。

　　通常将接种物悬浮于水或挥发油中，而需干燥的接种物则通常用滑石粉与孢子混合，有时还可以利用蕨类植物——石松（*Lycopodium*）的孢子，这些孢子已作为商品出售。在使用任何介质前一定要确认它们不会影响寄主植物与接种物的互作。如有些挥发油会造成作物坏死，因此在一些特殊的作物上就不能使用。葡萄孢（*Botrytis*）的分生孢子悬浮液还需要添加营养物质以保证其可以侵染植物。

　　通常利用血球计数器计量悬浮液中孢子的浓度。

接种方法：接种方法有多种，对于土传病原菌，可以将种子或幼苗的根浸入孢子悬浮液中，也可以将菌混于盆栽土壤中，此外还可以使用移液器或注射器进行人工接种。

对于叶部病害，通常将接种物喷洒或抖落在植物叶片上［如白粉病菌、致病疫霉菌、锈菌、小麦叶枯病菌（*Mycosphaerella tritici*）］。对于一些病毒，先用金刚砂摩擦产生微伤口，然后在叶片上喷洒病毒，通过微伤口侵染植物。

　　一般来说，不同的接种物接种方法也不同，但接种方法必须符合植物-病原生物系统。例如，在进行水稻白叶枯病菌接种时，常采用蘸取细菌悬浮液的剪刀直接剪切叶片，细菌就可以通过伤口进入叶片组织。

在进行荷兰榆枯萎病菌接种实验时，常采用的方法是在刀片上滴一滴接种物，然后去划伤榆树幼苗茎秆的木质部。

注射接种方法有很多优点，既可以减少逃避的可能，还可以保证接种物的数量和条件的一致性，该方法的不足之处是避开了潜在的防卫机制，如抗侵染性等。

水稻白叶枯病菌可以通过伤口或水孔侵染水稻。利用上面所介绍的剪叶接种方法可以方便地通过测量枯死斑扩展的速度进行抗性评价。但要鉴定抗侵染能力，可以通过在植物表面喷洒接种物的方法，病原菌主

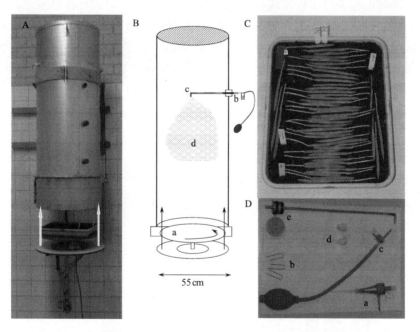

图 7.2　沉降塔——一种确保干燥真菌孢子均匀接种的装置。（A）圆柱形沉淀塔的转盘上有一个植物箱，转盘可以移动至塔底部的合适位置。（B）沉淀塔的草图：a 是放置植物箱的电动转盘；b 是用于吹送孢子的机动吹灰机，孢子通常与石松粉或滑石粉混合；c 是开口朝下的金属管，开口位于圆柱体的中部；d 是孢子粉混合物吹入送到植物箱。（C）用于种植植物的塑料盆（42cm×34cm），大麦苗被水平固定在土壤上。a 是用于检测孢子密度及潜育后孢子萌发率的载玻片。（D）用于接种锈菌的工具，a 是气传孢子收集器；b 是将幼苗叶片固定到土壤表面的 U 型夹；c 是吹粉器上调节孢子量的装置；d 是盛放孢子及惰性载体粉（石松粉或滑石粉）用于称量或者混合的管子；e 是用于插入沉淀塔的管子、塞子及螺塞。

要通过水孔侵染植物，这种方法可以通过比较叶片上病斑的数目，鉴定植物的抗侵染能力的差异。病斑数目与枯死斑扩展的速度并不完全相关，因为它们分别反映了植物的不同抗性特征。

可以使用称为"沉降塔"的装置对植物进行均匀的接种（图7.2），这是一种铝制的圆柱形构造，将待测植物放置在塔底，使叶片固定在水平位置，将接种物通过靠近塔顶部的一根管子吹入塔里，而后自然沉落到植物上。

在进行田间抗性鉴定时，一般将病菌物放置于待测植物所在的环境中。对于土传病原菌及列当寄生物，因为土壤中本身就存在这种病原生物，因此可直接利用土壤进行接种。该方法的关键是尽可能把病原生物分散均匀，尽管这并非易事。田间鉴定也可以在病害流行区进行，因为在这些病害流行区中待测的昆虫或病原菌肯定存在于自然环境中。

多循环的植物叶部病原菌在田间可以通过种植诱发行进行接种鉴定。在试验田内，可以每隔固定的间距种植一行感病品种，也可将诱发行种于待测品种之后，或与待测品种垂直种植（图7.3）。在幼苗生长早期对诱发行进行接种，诱发行繁殖的病菌可以通过风传播，也可以在诱发行附近放置温室内已接种的发病植株。进行虫害抗性鉴定时，通常将昆虫置于植株叶片上或放在有植物的笼子里（见§6.2）。

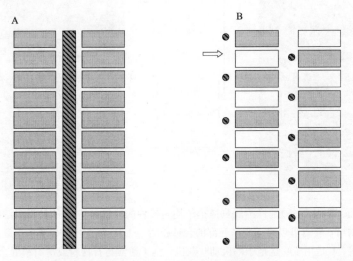

图7.3　育种程序中多循环气传病原生物抗性鉴定的田间排列方式。（A）将试验材料靠近感病材料诱发行（阴影部分）播种。（B）试验材料由一种非寄主作物（白色部分）间隔，可以减少小区干扰（见§7.9.2）。诱发行可预先在温室中接种，并按阴影点所示位置摆放，7天后移走。箭头指示风的方向。

7.6　如何选择接种物的组成

很明显，小种特异性抗性的鉴定结果很大程度上依赖于所使用的是病原生物的哪个生理小种，因此，在进行抗性鉴定时选择合适的病原生物生理小种至关重要。可以从特定的专业机构获得一些重要的病原生物，如位于荷兰乌特勒支市的荷兰皇家艺术与科学院真菌多样性研究中心（CBS-KNAW Fungal Biodiversity Center）是世界上最大的丝状真菌保藏机构。一些专性寄生的真菌由于不能在人工培养基上培养，该中心未能保存，这些专性寄生病原生物可以从其他机构获得，例如，荷兰瓦赫宁根大学植物育种系保藏了禾本科植物锈菌；丹麦奥尔胡斯大学（Aarhus University）的全球条锈病基因库（Global Yellow Rust Gene Bank）；PRI-Biointeractions and Plant Health 保藏有马铃薯致病晚疫霉菌（非专性寄生病原生物）；荷兰的 IBEB Nak-tuinbouw 保藏有霜霉菌（盘梗霉、菠菜霜霉病菌）。另外，一些危害植物的昆虫和线虫保存于其他相关研究中心。

一个重要步骤是如何获得遗传背景纯合的菌株（遗传均一度高）。为了保证在培养基上长出的每一个菌落，或者在感病植物上的每一个病斑都是一个单一的病原生物繁殖体（或者称为单孢分离物）形成的，可以在培养基上进行稀释培养（即每次挑取极少的病原生物进行继代培养）或者进行单孢分离。经过这些纯化过程，虽然不能完全确定，但应该能得到遗传背景完全一致的单孢分离物。在锈菌中，这种菌株称为"单病斑分离菌株"（monopustule-isolates）。

对于一些死体营养型病原菌，在抗性品种鉴定中，使用其产生的毒素，而不是病原菌本身。例如，在夏威夷进行甘蔗眼斑病菌（*Helminthosporium sacchari*）的抗性鉴定时，采用的方法是喷洒含有蠕孢菌毒素（helminthosporoside）的病菌培养滤液，感病的甘蔗苗在 2～3 天后即可表现症状。在美国的燕麦抗病育种中，使用维多利亚长蠕孢菌毒素，而不直接使用病原菌接种。

在确定接种物时应该注意以下几点：

（1）植物检疫。在田间或温室中进行抗性鉴定时不允许使用外来菌株，特别是含有罕见毒性基因位点的菌株。

一个外来菌株是否允许使用由当地或国家的植物检疫部门决定。在荷兰，豇豆对鹰嘴豆壳二孢菌（*Ascochyta rabiae*）的田间抗性鉴定试验可能会被批准，但马铃薯对青枯雷尔氏菌的田间抗性鉴定试验是不允许的。因为在欧洲荷兰，豇豆不是重要经济作物，而且豌豆壳二孢是专化侵染豇豆的。

在荷兰，对来自德国白粉病菌的田间抗性鉴定试验会很容易获批，但来自中东地区菌株的田间抗性鉴定试验则很难获批。

（2）田间自然发病的可能性。对常发性病原生物进行田间抗性鉴定，可以用于自然条件下田间病原菌群体。最好是利用一套鉴定寄主分析田间病原菌群体构成（见§5.4.1.8），或利用分子标记指纹技术对其进行鉴定。

（3）已知的病原菌变异类型。如果对一个自然病原菌群体的变异了解很少或一无所知，就无法选择一个遗传背景纯合的菌株进行抗性鉴定。至今还没有一个标准来鉴定菌株间还是菌株内发生了变异。

自1986年起，由新番茄粉孢菌引起的番茄白粉病就成为番茄生产的最重要的病害。在野生番茄种中发现了一些抗性基因（Ol基因），并且通过回交将其导入到感病栽培番茄品种Moneymaker中，获得一个近等基因系。当时并不知道在白粉病菌中是否存在不同生理小种。将近等基因系分发到世界不同地区，利用当地的生理小种进行抗性鉴定，发现一些Ol基因（Ol-4和Ol-6）仅对一部分菌株具有抗性，表明白粉病菌株中存在小种分化（Bai et al.，2005）。

（4）应当使用当地育种田间存在的复合小种，也可以使用混合菌株，但混合菌株不能有效地进行**非小种特异性抗性**（**race-non-specific resistance**）鉴定。在下一章节将解释为什么混合菌株可以用来发现新的、完全的、可能是小种特异性的抗性，而不是非小种特异性或部分抗性。

7.6.1　混合菌株

在植物-病原生物系统中，存在很多小种特异性抗性基因（见§5.4.1.4）。在该类系统中有可能发现新的、尚未被商业利用的完全抗性基因，可以有效抵抗现有的所有致病型的病原生物。在这种情况下，进行田间抗性试验时，应尽可能多地利用现有的生理小种（假如植物检疫部门允许的话），或者是将属于不同小种的菌株混合，以便可以代表尽可能多的致病因子。

Q28：在一个植物-病原生物系统中，假设已知有8个小种特异性抗性基因，分别为：R1～R8。病原菌中的很多小种能够对一个或多个抗性基因有致病力。现在希望从收集的种质资源材料中鉴定发现新的抗性基因，当然，只有当病原菌群体对这些新的抗性基因都没有致病力时，这些基因才有利用价值。

　　目前还没有一个超级复合小种能够对所有 8 个抗性基因起作用，已知的小种毒力类型有 1.2.3.4、1.5.6 和 2.7.8（术语见 §5.4.1.8）。将这些小种混合后接种到收集的种质资源材料中，发现一些品系能够对这些混合接种物产生完全抗性。

　　（1）根据以上结果，这些抗性材料产生抗性的原因是什么，可以得出什么结论？

　　（2）如果不存在第 9 个抗性基因，上述结果该如何解释？

　　如果希望鉴定部分抗性，也可以利用混合的菌株接种，根据侵染程度差异筛选出部分抗性的种质资源（表 7.2，左边），表 7.2 的结果可能是由于鉴定材料所接种菌株的小种非专化抗性水平的差异造成的（表 7.2，中间）；另外一种解释是被鉴定植物的遗传背景差异，也就是存在多个小种专化的抗性位点，因而能够有效抵抗混合接种菌株中的一个或多个菌株（表 7.2，右边）。这种模棱两可的解释说明在鉴定部分抗性和小种非专化抗性基因时，应该尽量使用遗传背景纯合的菌株而不是混合的菌株。

　　表 7.2 为 4 个病原菌混合物（1～4）侵染 4 个育种材料（A～D）试验的理论结果，以每株植物的病斑数量表示（表的左边部分）。结果 1（中间部分）假设这些材料存在小种非专化抗性水平上的差异（D 具最高抗性水平），混合接种物中每一种菌在 D 材料上都产生 5 个病斑，总和是 20。结果 2 也是可能出现：这些材料存在小种专化水平差异，例如，B 材料对 2 号菌株有抗性，D 材料对 1、2、3 号菌株有抗性。

表 7.2　4 个病原菌混合物（1～4）侵染 4 个育种材料（A～D）试验的理论结果

鉴定的寄主品种	混合菌株1～4产生的病斑数目	鉴定结果 1 菌株				鉴定结果 2 菌株			
		1	2	3	4	1	2	3	4
A	80	20	20	20	20	20	20	20	20
B	60	15	15	15	15	20	0	20	20
C	40	10	10	10	10	20	20	0	0
D	20	5	5	5	5	0	0	0	20

7.7　潜　育

　　接种后，需要尽可能创造适合的条件以保证有害生物的生长发育，这些条件包括空气相对湿度、温度及光照强度。在温室和实验室中比在大田中更易于控制这些条件，在田间鉴定时，可以多次人工喷水以促进发病。

7.8　病虫害级别评价：抗病虫评价包括哪些方面

接种后的侵染效果有时明显可见，如出现菌丝体（mycelia）、病斑（lesions）、卵囊（eggs）、幼虫（larve）和子实体（fruiting bodies），或者先出现寄生虫及食草类物种的数量上升，然后植株开始出现发病症状或被啃伤。接种后不同植株在侵染水平、侵染特征及症状严重程度上可能会表现出差异，这些差异则反映了植株抗性的差异。相对比较温和的症状也能反映植株的耐性（§3.3）。

植物抵御病原菌侵染的差异不但可以评价，而且还可以量化。在育种程序中，往往需要在短时间内对大量的植株、家系和群体进行抗性鉴定，这就要求鉴定评价的方法应该尽量简单快捷，而且客观可靠。

7.8.1　数量性状

7.8.1.1　侵染数量

评价侵染程度高低可以细化抗性评价指标，例如，可以评价植株个体（或叶盘）被侵染的百分率，即发病率。在病毒和维管束萎蔫病等病害的评价中经常使用这一指标。

在田间鉴定时，常以叶片上病原菌病斑、菌丝体或锈斑覆盖的总叶片面积的百分率作为评价标准，即被侵染组织百分率。为得到可靠的鉴定结果，最好在同季节对同田块中的相同植株进行多次观察。反映侵染程度和时间之间关系的"病程曲线下面积"（area under the diseae progress curve，AUDPC）可以反映植株整个生长季节的侵染程度（图 7.4）。

Q29：假设 t_1、t_2、t_3 三个时间段的侵染严重程度分别为 3%、7% 和 25%，请分别计算品种 A 和 B 的病程曲线下面积。

仅凭肉眼观察来评价病害侵染程度是一种快速方法，但不够客观且重复性差，不同的人调查同一个锈病发病叶片时，获得的锈斑覆盖叶片的百分率数据会差异很大。为了提高评价方法的客观性和重复性，有些研究者提出评价标准要点。图 7.5 显示的是侵染程度不同的叶片图，不同图片代表被侵染叶片面积的百分比，作为田间和温室评价时确定病级的参考。现在还开发了一些电脑软件专门用于训练调查者评价发病程度，有助于提高鉴定结果的准确性。

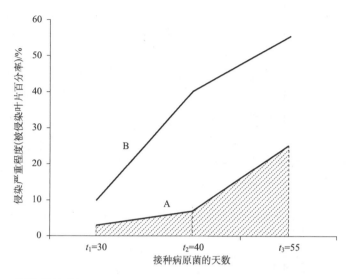

病程曲线下面积(AUDPC)=$(t_2-t_1) * (x_{t_1}+x_{t_2})/2 + (t_3-t_2) * (x_{t_2}+x_{t_3})/2 + \cdots$
x_t表示严重程度；t表示时间

图7.4　品种 A 和品种 B 在 3 个时间段的侵染严重度。阴影部分代表了品种 A 的病程曲线。

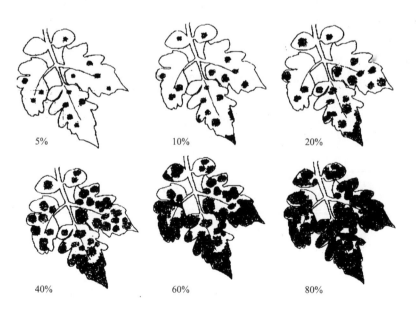

图 7.5　番茄白粉病侵染程度评价标准参考图。

　　1892 年，Cobb 针对谷类作物的锈病鉴定开发出一种评价体系，即 Cobb 刻度法。利用秆锈病五种不同侵染程度的标准图，可以快速进行可靠的抗性评价。该方法的原理至今仍在使用。James（1971）针对更多类似的病原菌提出了相似的评价方法，多数方法是用图示形式，有一些则是以文字描述形式（见表 7.3）。这种方法主要是根据被侵染组织的百分率确定抗性程度，哪些组织属于被侵染组织则由调查者决定，如若被白色或者黄化组织所包围时，锈菌孢子堆则不能视为被侵染组织；并且同一植株的不同叶片或者同一叶片的不同部位的侵染程度也有差异，因此调查者需要权衡确定平均侵染程度，由此可见，这种方法中调查者的判断是至关重要的。

表 7.3　马铃薯晚疫病的评价标准（British Mycological Society，1948）

晚疫病评价标准	侵染情况
0.0	没有病害发现
0.1	少量分散的植株出现病斑；在 36ft[a] 的半径内病斑数不超过 1~2 个
1.0	每个植株最多有 10 个病斑；只有轻微侵染
5.0	每个植株约有 50 个病斑；有 1/10 的叶片被感染
25	几乎每个叶片都被感染，但植株仍然保持正常形态；植株散发出枯萎的气味；虽然每个植株都被感染，但田间表现仍然是绿色
50	每个植株都被感染，同时大约 50% 的叶片被破坏；田间表现绿色但伴有可见棕色斑点
75	大约 75% 的叶片被破坏；田间表现为棕色
95	植株上只剩少数叶片；但茎秆仍然为绿色
100	所有叶片都死亡；茎秆已死亡或正在死亡

　　a ft=3.048×10^{-1}m。

Q30：为什么不能用发病率这个指数来评价多循环叶部病害的侵染程度？

　　在植物-病原生物系统中，也使用一些更为简单的量化方法来评价叶片被侵染程度。

　　进行对新番茄粉孢菌的抗性评价时，可采用 0~3 级发病指数（disease index，DI）作为指标（图 7.6）。

　　0 表示无可见侵染。

　　1 表示有少量病斑和轻微坏死。

2 表示有一些病斑并伴随少量坏死。

3 表示可见大量的菌丝，无明显坏死病斑。

目前有两种可视化的评价方法：一是通过数字成像的方法来测量侵染面积；二是利用生物化学、血清学或者 DNA 分子标记（real-time PCR，RT-PCR）的方法来测定组织表面或者组织内病原菌的数量。这些方法虽然客观但很烦琐，不适合进行大量样本的评价。最近发展起来的高自动化监视系统和数据收集方法使大量植物的图像分析成为可能，详见 Lemna Tec，http：//www. youtube. com/watch？ v＝ovnwzzt＿Xbs.

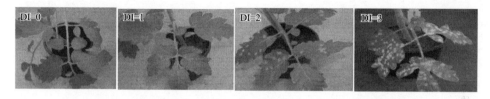

图 7.6　番茄白粉病发病指数（disease index，DI）的分级标准。

利用图像分析系统时，将被侵染的植株置于照相机下观察，这需要连续的光源，不但费力且还会对植物造成伤害。将捕获的图像进行计算机分析，可以根据图像颜色或暗度设定一个临界阈值以区分被侵染和未被侵染的组织。例如，白粉病菌比其定殖的绿色叶片颜色要白，据此，计算机可以计算出被侵染叶片面积所占的百分率。但还存在一个问题，即并非所有的叶片绿色色调都有相同，且叶脉和叶毛也可能和白粉病的色调相同。1994 年 Kampmann 和 Hansen 提出了一种改进的方法。

生化方法可以用来评价侵染程度，因为病原菌中存在一些特异的化合物，这些化合物在植物中不存在。例如，可以测定由镰刀菌侵染产生的脱氧雪腐镰刀菌烯醇（deoxynivalenol，DON）（图 7.7），将病原菌侵染的植株分别取样并进行均一化处理，用血清学方法所测定的由病原菌产生的特异化合物的浓度，可间接反映抗性水平的高低，但这种方法也很费时费力。

血清学方法（ELISA）常被用于测定植物组织中的病毒量，目前已开发了很多病毒的抗血清并商业化生产，可直接购买进行分析。最近，RT-PCR 也被用于抗性的量化分析（Zhang et al.，2009）。在研究寄生虫或者植食类昆虫侵染时，可通过考察虫体的数量或受咬组织的数量进行抗性评价。

A

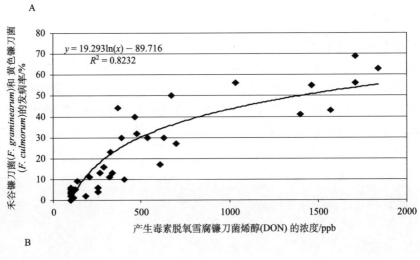

B

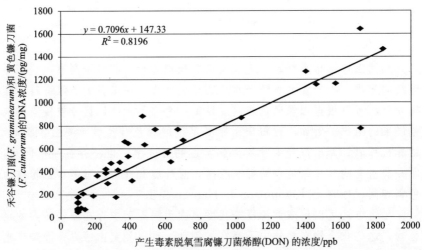

图 7.7　（A）小麦样品中禾谷镰刀菌的侵染（即发病率）和由其合成的 DON 毒素浓度的关系。（B）小麦样品中禾谷镰刀菌合成的 DON 毒素浓度与禾谷镰刀菌特异的 DNA 浓度的关系（Waalwijk et al.，2004）。

7.8.1.2　抗性组成

抗性的量化评价还可以通过考察不同的侵染因子。例如，对于昆虫，即可测量昆虫的产卵数量、死亡率、幼虫重量以及发育期长短；对于真菌，即可测量真菌的潜伏期、感染频率以及其产孢量（§5.4.2.2）。

单循环鉴定可用于测定锈病潜伏期。接种锈菌大约 6 天后开始出现第一批成熟锈菌孢子堆。即夏孢子堆。从这时开始，对叶片上标记区域的锈菌孢子堆进行统计，每天统计1～2次，直到锈菌孢子堆不再增加为止，通过内插法可以计算出50％锈菌孢子堆成熟的时间。因为潜伏期是通过50％锈菌孢子堆成熟的时间来计算的，因此潜伏期可以用LP_{50}来表示。从接种后开始到有50％的锈菌孢子堆成熟的时间即为潜伏期时间。

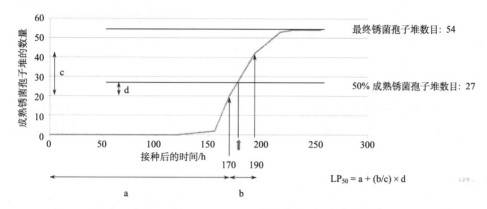

图7.8　计算锈菌感染潜伏期（即加粗箭头所指之前的时间）所需参数。该图所示的感染标记区域最终锈菌孢子堆计数为54。a指从接种到50％锈菌孢子堆成熟前最后一次计数的时间；b指50％锈菌孢子堆成熟前后两次计数间的时间；c指在b阶段内锈菌孢子堆数量增加值；d指50％的成熟锈菌孢子堆数量减去b阶段开始时的锈菌孢子堆数量。

Q31：表7.4列出了接种病菌后不同时间成熟锈菌孢子堆的数量，其中A品种数据是用于绘制图7.8的原始数据。请计算出品种A和B锈菌的潜伏期时间。

表7.4　接种病菌后不同时间成熟锈菌孢子堆的数量

接种后的时间/h	成熟锈菌孢子堆的数量	
	品种 A	品种 B
0	0	0
24	0	0
48	0	0
72	0	0
96	0	0
120	0	0

续表

接种后的时间/h	成熟锈菌孢子堆的数量	
	品种 A	品种 B
156	2	0
170	20	12
194	42	24
218	53	38
230	54	48
256	54	50

这种鉴定方法十分费时费力。对于有丰富经验的研究人员来说，也可只评价抗性高低而不量化抗性等级，因为用精确量化抗性方法鉴定庞大群体是不可行的。

7.8.1.3　损失评估

病害常常会造成作物实际产量或经济产量的下降，即所谓损失。感染程度越高，损失就越大。在感病品种中病原菌的数量与其抗性或避害性的水平有关，而损失大小则同时取决于病原菌数量（抗性或避害性产生的）和耐害性。

理论上来说，育种者无需知道感病程度而直接确定由于病原菌导致的产量损失，即通过感病和不感病条件下产量损失的差异来确定，不感病处理只使用杀菌剂控制病害，而感病处理则让植株在病原菌感染环境中生长。

由于作物产量会受到如土壤肥力均匀度、灌溉和植株间的竞争等影响导致产生实验误差，难以准确计算。在进行产量评价时，需要进行多次重复试验。

产量降低最少的品种是最理想的抗性品种，这些品种可能具有抗害性或耐害性（抑或两者并存）。如果不能确定这些品种实际感染病原菌的数量，则难以区分其具有抗害性还是耐害性，其实抗害性和耐害性并不具有明显特征（见§3.3的Q8）。但如果既能确定感染病原菌的数量，又能确定产量损失，则可以区分出该品种是具有抗害性还是耐害性。

采用以上程序，鉴定了 6 个大麦品种对白粉病的耐害性。对感病程度和损失程度进行回归分析，假设两个因子的回归公式为 $y=0.3x-3$，其中，y 代表产量减少的百分数，x 代表叶片感病面积的百分数，即只有在感染超过 10% 的时候才能引起可被测量的损失。表 7.5 是以上假设实验的具体数据。造成不同品种间产量损失的差异是由于感染程度不同，即品种抗性的差异，这部分差异可以通过回归公式表示；还有一部分是由于耐性不同，这可以从与回归线的偏离程度反映出来。那些产量损失大的品种感病程度高，如 B、E，损失程度较少的则是耐害性品种，如 D。

表 7.5　具有不同耐害性和抗害性水平的 6 个大麦品种经白粉病菌
感染后对产量减少损失的影响

品种	侵染叶片面积百分数/%	产量减少百分数观察值	由于缺乏抗性造成的产量下降[a]	由于缺乏耐害性造成的产量下降[b]
A	80	21.0	21.0	0.0
B	60	18.5	15.0	3.5
C	50	12.0	12.0	0.0
D	50	7.0	12.0	−5.0
E	40	12.5	9.0	3.5
F	20	3.0	3.0	0.0

a 数值越高则品种越感病。
b 数值越高则品种越敏感。

Q32：请将表 7.5 中最右边两栏的数据盖上，试利用公式 $y = 0.3x - 3$，计算由于易感病性和敏感性造成的产量减少的百分数。其中 y 代表产量减少的百分数，x 代表叶片感病面积的百分数。

由此可见，耐害性很难测量。需同时计算未感病与感病处理间感病程度和产量的差异。从这些数据来看，还可以计算出单位病原菌或昆虫的损失程度。

Q33：一位科学家根据感染白粉病后损失程度不同，鉴定几个品种的耐害性。他按照前面描述的步骤进行实验，请注明其设置未感染对照的实验目的？

假设对植物有轻微毒性的杀菌剂可以作为未感染对照，这种毒性效应是如何影响耐害性测定的？请说明。

7.8.2　质量性状

对锈菌类病原菌，除了需要对侵染程度进行测定外，还需确定其侵染类型。侵染类型反映过敏反应程度，确定侵染类型包括确定侵染位点的坏死和变色数量以及单个克隆产生的菌落率。

表 7.6 中是两种常用抗性鉴定分析标准。确定侵染类型并非易事，尤其是对于成熟期植株。在同一植株中，经常会发现混合的侵染类型，这与发育时期、叶

龄和叶片的质量有关。混合反应型可能由于接种了混合菌株，既有毒性菌株，又有无毒菌株。已报道的一些 R 基因也会产生混合反应型，可能是由于这些 R 基因在同一叶片组织中的表达并非完全相同。常将侵染类型分为两个或三个级别，如抗病（R）、中抗（MR）和感病（S）。

表 7.6　几种锈菌在禾类植物上的侵染类型

侵染类型		症状描述	
旧标准	新标准		
0	0	没有症状	R[b]
	1	小的坏死斑点或褪绿斑点	
	2	大的坏死斑	
1	3[a]	微小孢子堆被坏死或褪绿组织包围	
	4		
2	5	小孢子堆被一些坏死或褪绿组织包围	MR
	6		
3	7	大孢子堆被一些褪绿组织包围	
4	8	孢子堆被大片绿色基本褪尽的组织包围	S
	9	成熟孢子堆被灰白组织包围，无坏死和褪绿组织	
X	X	在同一叶片上出现多种侵染类型	MR

a 表示新标准中 3 与旧标准中 1 是等同的，新标准中 6 和 2＋是等同的。

b R（侵染类型 0、1、2、3 和 4）、MR（5、6、7 和 X）和 S（8 和 9）分别反映了抗病、中抗和感病的侵染类型。

　　田间鉴定时，需同时鉴定每个品种的侵染类型和侵染程度，如对小麦叶锈病鉴定时，可将病级记为 40S 或 10R，这表示侵染类型分别为感病和抗病，而相应侵染类型的叶片面积分别为 40% 或 10%。当被侵染程度很低（低于 1%）的时候，可用"t"表示。

　　表 7.7 是侵染类型鉴定的例子，表中数据来自 1975 年的扩大的欧洲大麦抗病鉴定圃（expanded European barley disease nursery, Ex. EBDN）结果中一部分。该项目对 120 个来自欧洲各地品种进行了侵染类型的鉴定。表中的侵染类型按照 0～4 级范围进行记录。

　　表 7.7 是 1975 年欧洲大麦抗病鉴定圃（Ex. EBDN）对 3 种大麦叶部病害的鉴定结果。表中数字表示侵染类型（0～4 级）及接种后感病叶片面积的百分比。

表 7.7　1975 年欧洲大麦抗病鉴定圃对 3 种大麦叶部病害的鉴定结果

品种	病原菌和地理位置[a] 禾本科白粉病菌 (*Blumeria graminis*)			大麦锈菌 (*Puccinia hordei*)		条锈菌 (*Puccinia striiformis*)
	Aber	Wagen	Horsens	Aber	Novi Sad	Wagen
Sultan	4～40	4～15	4～40	4～20	4～60	1～10
CI8251	1～5	3～10	0～5	4～40	4～80	4～2
Spiti	3～30	4～20	3～80	4～50	4～60	1～5
Proctor	4～30	4～30	4～90	4～50	3～60	1～2
Cebada Capa	4～30	3～60	4～90	0	0～15	2～5
Julia	4～40	4～30	4～80	4～10	3～30	4～50
Arabische	3～10	1～5	1～20	4～40	3～60	1～10
Psaknon	4～40	1～10	0～20	4～10	3～70	4～50

a Aber＝Aberystwyth, Wales, UK；Horsens, East coast of Jutland, Denmark；Novi Sad, Yugoslavia；Wagen＝Wageningen, the Netherlands。

Q34：在对育种材料进行抗白粉病或锈病的抗性鉴定时，记录形式如表 7.8 所示。

表 7.8　育种材料对白粉病或锈病的抗性鉴定结果

品系		品系	
1	45S	6	5MR
2	20S	7	50R
3	0R	8	5S
4	20MS	9	10MR
5	80S	10	5MR

（1）表中字母的含义是什么？它们反映了病原菌侵染的哪些方面？

（2）表中数据表示什么？

（3）表中哪些数据可能有误？

7.8.3　组织学特性

显微水平上分析防卫反应的机制，鉴定抗性品系完全抗性或数量抗性有助于分析抗病品种的抗性机制。

侵染过程的显微观察内容包括：

(1) 孢子萌发情况如何？

(2) 能否观察到芽管从气孔侵入？

(3) 是否成功产生吸器？

(4) 侵染点是否有过敏坏死？

对抗锈病的智利大麦植株进行组织学鉴定发现，在这种野生大麦的一些品系中，锈菌要么很难识别气孔，要么即使能穿过气孔但无法形成附着胞，这即是植物避害性的机制。将这种特性导入禾谷类植物物种有重要意义（见 §3.1；Rubiales，Niks，1996；Vaz Patto，Niks，2001）。

此外，利用显微镜还观察到在栽培一粒小麦（*Triticum monococcum*）中抗小麦锈菌的两种类型同时存在的现象。目前一粒小麦已经被用作抗性供体用于小麦抗病育种中。研究发现具有完全抗性的一粒小麦家系表现为吸器形成前的抗性，锈菌几乎在所有的侵染位点处形成第一个吸器之前就束手就擒，并且植物细胞未产生任何坏死反应；另外一些抗性品种尽管也是完全抗性，但表现为吸器形成后的抗性，抗性主要源于过敏性反应的产生。以上两种抗性类型在抗性持久性、抗性遗传基础和育种利用计划方面均存在明显差异（Niks，Dekens，1991）。

7.9　需要注意的问题

即使准确测量了侵染程度，以下几种因素仍然会影响材料抗性鉴定结果的准确性。这些因素包括：①品系间生育期的差异；②试验小区间的差异；③接种量的差异；④调查时间的差异。

7.9.1　生育期差异

在植物生长季内病害的流行程度以直线（单循环病原菌）或指数上升（多循环病原菌）。抗性鉴定通常在生长季中的一个或几个时间点进行，由于不同品种的生育期差异，抗性调查时，一些植物已经开花（如禾谷类作物）或者已经形成块茎（如土豆），而其他植物发育较迟，还在进行营养生长，这种植物发育速度的差异则会影响其对抗性水平的正确评价。

抗性鉴定时，早熟基因型材料的接种部位（如剑叶）比晚熟基因型材料接触病原菌的时间要长，因此，早熟基因型材料比晚熟基因型材料更易感病。

在土豆中，**早熟性（earliness）**和土豆对致病疫霉菌的抗性之间存在高度相关性，晚熟品种往往表现出抗性更强，这可能（或部分）是一种假象。一旦马铃薯植株块茎开始膨大，其新叶产生就会减少，因此早熟品种比晚熟品种停止形成新叶片的时间更早，因为早熟品种很早就开始形成块茎，而晚熟品种则可更持久地保持其叶片冠层。

进行土豆育种时，晚熟品种感病较轻，可以见到大量新鲜的嫩叶片，而早熟品种则由于多为衰老叶片，表现更为感病。目前，可以确定的是当植物的生理阶段改变时，其抗性水平也会随之发生变化，因此，对于块茎植物，同一植株在形成块茎前后的抗性水平可能不同。

在马铃薯-晚疫病互作研究中，会根据早熟性对抗性结果进行修正，即成熟期修正后抗性（Bormann et al., 2004）。成熟期进行抗性修正后，抗性水平仍然存在一些差异，这种差异表现为数量性状，可以进行QTLs 定位（图 7.9）

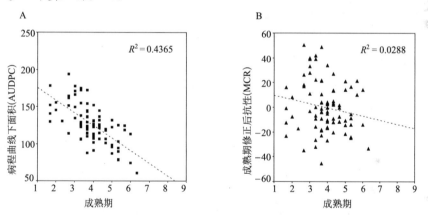

图 7.9　（A）马铃薯种品种成熟期与田间晚疫病严重度间的回归线。两者表现显著的负相关（$R^2 = 0.44$）。每个数据点表示通过回归分析预测的感病程度，更轻或者更严重。（B）表示与成熟期的偏离，低的 R^2（0.03）表明严重度差异已经进行成熟期的修正。MCR：成熟期修正后抗性（引自 Bormann et al., 2004）。

早熟品种通过早熟的特性可以避开生长后期发生的病害危害，而晚熟品种也可通过晚熟的特性避开其生长早期发生的病害危害。由此可见，不同时期发生的病害对品种的成熟期类型的要求不同。

在以色列，禾谷类作物的白粉病主要发生在潮湿和寒冷的春季，而壳针孢（*Septoria*）则在温暖而干燥的后期更为严重。早熟品种可以避开叶枯病危害，而晚熟品种则能避开白粉病的危害。因此，早熟品种可以不要求其高抗叶枯病，因为它们本身就能避开这种病害的发生。

为了准确评价品种抗性，除了需要记录发病情况，还需要记录植株的发育时期。禾谷类"Feekes scale"评价标准正是基于这一目的而产生的。其评价标准和许多切实可行的建议可以参考以下网站信息："http：//plantsci. missouri. edu/cropsys/growth. html"。特别需要指出的是，最好能将不同成熟期的品种分开种植，早熟品种与早熟品种比较，晚熟品种与晚熟品种进行比较。另外一种选择是可以对成熟期发病情况数据进行修正，如图 7.9 所示。

7.9.2　小区干扰

在试验田中，不同材料相邻种植，高抗的材料可能和高感的材料相邻。对于多循环繁殖的空气传播病害，大量病原生物从感病品种传播至抗病品种，而抗病品种则不能外传至其他品种，结果导致抗性品种的抗病程度比单一种植时要差，而感病品种的感病程度则比单一种植时要低。这种导致抗性程度估计偏差的现象即所谓的**小区干扰**（**interplot interference**）。

锈菌、致病疫霉菌和一些长蠕孢属病菌（*Helminthosporium*）极易通过在田块间传播，引发病害流行，因而更易出现小区干扰现象。

表 7.7 给出的是由白粉病菌引发小区干扰的观察结果。例如，在 Horsens 两个大麦品种 CI8251 和 Psaknon 都表现抗病，其侵染型为 0（见表 7.7），其叶片坏死面积分别为 5% 和 20%，可见坏死斑。感染这些品种的病原菌孢子都是从附近感病大麦品种上传播过来的，即是小区干扰造成的。若将这些抗病品种种植于农田中很可能表现完全抗病，因为农田里病原菌的数量要少很多。

可以直接测定小区干扰导致的抗性错误估计，即通过测量不同试验区中相同品种的感染百分比，包括大的隔离试验区组和小的邻近小区组。

表 7.9 是两种大麦品种在 4 种试验区的抗病调查数据（Parlevliet，van Ommeren，1984）。隔离试验区的设计类似于农田情况（每个品种的试验区和其他区是隔开的，且 30 米内没有相同植物种植）：各试验小区之间几乎没有干扰。其他 3 种试验区组设计均在育种田块中进行，最小的试验小区是每行一个品种。所有的试验区都放置感病植株十天进行人工接种。很明显，在育种田块里两个品种抗锈病程度的差异远小于在隔离试验区中的结果。7 月 10 日的调查数据显示隔离试验区两种品种锈病抗病程度的差别大约是 1200 倍，而在育种田块中的差别分别是 20 倍、14 倍和 4 倍。

白粉病菌和叶锈菌（大麦锈菌、禾冠柄锈菌和小麦叶锈菌）的小区干扰更大，它们易于在小区间传播。而条锈菌的小区干扰则不严重，可能因为感病程度主要取决于叶片上已接种真菌的发展情况，而与新的感染源关系不大。

表 7.9 是两个大麦品种 Vada 和 Akka 在 3 个日期测定的每个分蘖上锈菌孢子堆的数量。所有的小区都是长 4m，宽度不同。隔离小区被非寄主植株隔开相距 30m。

表 7.9　Vada 和 Akka 在 3 个日期测定的每个分蘖上锈菌孢子堆的数量

		每个分蘖上锈菌孢子堆的数量			
时间	品种	隔离小区	相邻小区的宽度		
		4.5m×4.0m	4.5m	1.5m	0.25m
21/6	Vada	4	10	20	35
	Akka	1 250	2 500	2 500	800
10/7	Vada	15	1 000	1 600	4 500
	Akka	18 000	20 000	22 000	18 000
19/7[a]	Vada	75	5 000	5 500	6 500

a 极早熟品种 Akka 因为衰老和高度感染甚至没有绿色叶片而未能获得测量数据。

小麦叶斑病菌最先侵染叶片，然后逐步侵染至穗部，因为主要是垂直传播而非水平传播，因而鲜见小区干扰。

育种家常常会忽视不同品种由于小区干扰而造成抗性评价的偏差。庆幸的是，小区干扰一般不会影响抗性级别排序的变化。减少小区干扰的方法如下：

（1）小区间或者行间交替种植生长快且高的非寄主植物以阻挡小区间交叉感染（图 7.3B）；

（2）仅调查多行种植小区内部几行的发病情况，它们与邻近行都具有相同的基因型；

（3）在分析小区的发病情况时，将相邻小区的发病情况作为共变异量；

（4）当育种人员对抗性材料做决策时，应该考虑该品种是否是种植在感染源较少大田条件下而表现出来的假抗性；

（5）邻近抗性鉴定小区应种植诱发行，以保证所有材料均不会因逃避感染而导致不发病或发病不充分。但这种做法的缺点是会造成大量病原菌聚集，导致小区干扰。因此可以在病原菌扩散后将诱发行割除，或将传播行替换成传播点，即在每个小区前面摆放一些诱发株，几天后移走（图 7.3B）。

7.9.3　接种量

过高或过低的接种量会导致抗性评价的偏差。在特定接种浓度下，一些病原菌的发展才会呈现直线上升趋势（如土传病害、散黑穗病和印度腥黑穗病）。对于土传病害，过低的接种浓度会导致高频率的逃避病害，即感病植株未受感染而被误认为是抗病植株。

高剂量的接种浓度可能很难对材料的抗性进行定量评价，该问题实际上是和§7.9.2中的讨论相似。然而，这种条件下可以鉴定出具有完全抗性的抗病材料。

7.9.4　鉴定时间

抗性鉴定时间的选择对于不完全抗性如部分抗性至关重要。

接种时间会导致发病情况的差异。在温室中，一般选择单循环繁殖菌，选择合适的调查时间鉴定非常重要，如锈菌潜伏期鉴定。指标若调查过早，所有材料均未发病，而如果调查过晚，所有材料上都是成熟的锈菌孢子堆。潜伏期差异出现的时间非常短暂，因此需要确定最佳的调查时机（见§5.4.2.2，图5.10）。

多循环病害进行田间鉴定时，发病情况的差异在早期很难判断，因为总体侵染程度较低。随着病害的发展，材料间抗性的差异增加。至感病材料完全发病时，材料间抗性的差异表现最大。但随后，差异又逐渐减弱，因为如果发病条件充分，则低抗和高抗材料最后都会被完全感染。这种状况在表7.9中能清楚反映出来。在宽1.5m的小区试验中，Akka和Vada发病程度的差异在6月21日时为125倍，而在7月10日仅仅为14倍，由此可见，如果调查时间太晚，往往会造成抗性被低估。

7.10　植物防御策略选择

在每个植物-病原生物系统中常同时存在多种植物防御措施，育种人员应该做出决策，即在特定互作系统中应该优先利用哪些类型的防御措施。

7.10.1　避害性

植物避害性主要与昆虫类有害生物有关。避害性与昆虫类的"非偏好"或**"非接受"**（non-acceptance）相对应。非偏好的意思是：如果有更好的食物来源时，昆虫会拒绝（或者很少接受）某种植物作为食物来源；当没有其他食物来源（田块中种植同一种基因型的作物），昆虫将会接受这种植物，最终将导致对植物的伤害（见 §6.1 中 Quelia 的例子）。

因为在育种田里常将许多不同基因型作物种植在相邻小区，可移动的昆虫有充分的选择权，它们将忽视那些无吸引力的品种（虽然单一种植这些品种时它们已经被迫接受作为食物源），在这种情况下，育种人员可能会对品种的抗虫性过于乐观地估计。

　　在育种人员的试验田中，欧洲野兔（*Lepus europaeus*）可能对一些品系表现出强烈的喜好，甚至在随机区组重复试验中它们也会找到这些品系，而那些被野兔忽视的品系则可能与野兔的非偏好性相关，但是如果单一种植这些被忽视的品系，它们也可能会被野兔接受取食。

"非接受"的意思是：昆虫类拒绝（或者很少接受）某种植物作为食物来源，即使在同一环境中无其他可替代的食物来源时。这种由避害性机制导致的"非接受"在育种中非常有用，特别是品种单一种植时尤其有效。

7.10.2　耐害性

目前还很少或没有针对提高耐害性的作物育种。为确定植物耐害性的程度，除了要对病原菌的数量进行鉴定，还必须测定因感病而导致降低的产量（见 §7.8.1.3），在实际生产中这是一项十分费力的工作。因为可以直接观察到病原菌或由病原菌引起局部病斑，与植物的感病程度测定相比，病原菌的数量测定要简单一些。对于有些数量很难测定的病原菌（如土传病原菌、病毒和线虫），可以通过直接测定发病程度来替代，发病程度的差异则反映了抗性或耐害性的差异。

7.10.3　广谱抗性

广谱抗性的优点是能够有效对抗数种天然有害生物，因此这类抗性在育种中有重要应用价值。目前已经克隆了一些广谱抗性相关的基因，并被转化到其他作物物种中（见 §7.2.3.2）。然而，广谱抗性也可能会有副作用，特别是对于用作食用或饲料的作物物种。

（1）广谱抗性可能会影响作物的品质或产量。例如，广谱抗性可能会给人和家畜带来过高的毒性病害，或者会降低作物的营养价值。

　　紫花苜蓿（alfalfa）含有的皂苷类物质是用于防御动物取食的。皂角含量高的苜蓿品系可以降低豌豆蚜虫的生存和繁殖（Sylwia et al.，2006），但这类物质的副作用是由于农产品的营养价值低会对动物行为造成不利的影响（Sen et al.，1998）。

英国，选育的抗条锈病鸭茅（*Dactylis glomerata*）品种，由于其可溶性糖含量下降而导致营养价值降低（Carr，Catherall，1964）。

这种现象在马铃薯野生种中也有报道。马铃薯对科罗拉多甲虫的抗性是基于其含有更高毒性水平的有毒生物碱垂茄碱，抗性品种中这种生物碱的毒性水平更高，但这种生物碱对人同样有毒，因此这种抗性无法用于马铃薯育种。

番茄叶片具有的黏性腺体毛能保护其对抗多种昆虫，但是这些体毛对于番茄种植者来讲却是件麻烦事。

（2）对于多寄主型的病原菌和昆虫的广谱抗性可能提高了对寡寄主型病原菌的吸引力。

很多葫芦中有一种苦味化合物四环三萜（tetracyclic triterpenoids），它可作为驱虫剂抵抗多种害虫的入侵，但黄瓜斑点甲虫却正是被这种物质所吸引。

7.10.4　过敏反应型抗性

到目前为止，过敏反应型抗性是育种中应用最多的一种抗性。这种抗性的优点是能保护作物免受感染，而且其遗传上是由单基因控制的。这种抗性的遗传力非常高，其基因型可以通过作物的表型准确推断出来。但最关键的问题是过敏反应型抗性总体来说是十分短暂的，一旦抗性被**破坏**（**breaking down**），育种者必须重新寻找新的有效抗性基因，而新找的基因也可能只在一段时间内有效。因此，在植物-病原生物互作系统中，有效抗性基因资源将有可能被耗尽。

在以下情况下，这种类型的抗性是不错的选择：

（1）在一些单基因控制的完全抗性的植物-病原生物系统中，抗性虽然有小种专化性但很持久。这种情况在很多病毒（见§6.11）、烟草霜霉病菌（*Peronospora tabacina*）和豌豆壳二孢（*Ascochyta pisi*）抗性中均证实存在。此外，病原菌要克服植物对土传病原菌（如尖孢镰刀菌）的这种抗性，需要非常长的时间，因为需要采取植物检疫手段来阻止或延迟土传病原菌新小种的传播。

（2）小种专化过敏性抗性可以作为作物综合防治策略的一部分，加以有效利用。如基因聚合、基因多样性和多系品种混合都是很有趣的尝试（§7.12）。

Q35：大多数情况下的过敏反应会引起肉眼可见的坏死斑（见§5.4.1.1 图5.4~图5.6），请问这些坏死斑会影响光合作用吗？过敏反应对植物生长有什么影响？是否可以认为这种过敏反应型抗性在有些作物中是不良性状而应该去除掉（如在莴苣和观赏植物中）？

7.10.5　部分抗性

由于过敏反应型抗性基因很容易被克服，人们将目光转向部分抗性。基于以下三个方面原因，育种人员可能不愿意改变策略去选择部分抗性：

（1）部分抗性的鉴定困难（见§7.9）；

（2）部分抗性一般是多基因遗传控制的，单基因遗传的例子偶有发现（见§5.4.2.5），使得这种抗性类型的育种工作变得复杂；

（3）有些作物由于出口规则或贸易中质量要求（如观赏植物、多叶蔬菜），产品上不能有任何坏死斑，由于部分抗性不能完全保护作物免受侵染，在这种情况下，部分抗性没有利用价值。

部分抗性主要用于大田作物、饲料作物或是一些经常使用杀虫剂的作物，一旦具有较好的部分抗性水平，即可以大幅度地减少杀虫剂的使用量。

至今，还没有发现部分抗性会像过敏反应型抗性那样易于被克服，因此很有必要去发掘部分抗性基因资源并加以利用，以替代植物-病原菌互作系统中容易失效的过敏反应型抗性。现在利用转基因遗传修饰提高抗性（见§7.2.3）也是一种有效改良抗性的方法。

7.10.6　总结

植物育种中应用最普遍的是过敏反应型抗性，这种类型的抗性具有技术上的优势，而且在大多数植物-病原生物系统中也是最佳的选择。

在植物-病原生物系统中，自然界的有害生物易于克服过敏反应型抗性，这就要求育种人员在应用过敏反应型抗性基因时，或采取特殊的策略，或寻找另一种抗性类型，如尝试提高部分抗性的水平，或是利用避害性机制；当然，通过转基因遗传修饰方法获得抗性也是一个不错的选择。

与耐害性相关的育种经常要耗费大量的劳动力，因此难以在实际生产中得到广泛应用。

Q36：问题 34 中描述了 10 个禾谷类作物品系被病原真菌侵染的情况。请问哪个品系在抗性育种中最有利用价值？

7.11　抗性育种的选择方法

目前已存在的选择方法无论对于抗性性状还是对于其他性状都同样有用，这些选择方法在其他书中已有详尽阐述（如 Acquaah，2007）。本书只对几种选择方法和策略做一些简单介绍。

7.11.1　在育种过程中的哪个阶段进行选择

育种过程常基于对一个具有遗传多样性的群体（分离群体）进行大规模选择，经过几个世代的选择，将其中的差异基因型选择出来。随着世代的增加，选择出的品系数量不断减少，最后只有几个有潜力的品系被保留下来进入更为严格地鉴定。

每一个选择周期中，并非都要对相同性状进行考查，育种初期，很多品种只有很少的单株，因此育种人员可能只对简单的质量性状进行考查，在育种高世代中再对主要的数量性状如产量性状进行考查。

当抗性具有以下特征时，抗性鉴定要在抗性育种早世代进行：

（1）为质量性状；

（2）初选的种质中出现抗性的频率低；

（3）是商业化品种必需的性状；

（4）有简单、低廉和快速的鉴定方法。

如果不符合以上任一特征，可推至育种高世代进行鉴定，如可对一组个体进行鉴定，以消除其他因素的影响。

在进行马铃薯抗致病疫霉菌和 Y 病毒（完全过敏反应型抗性）育种时，第一年抗性鉴定可在苗期进行（可在杂交后进行选择）；第二年需要重复验证 F_1 代鉴定结果，同时对其他性状进行考查；第三年块茎形成时，继续对块茎进行抗性鉴定；此后，还可以在田间对其他几种病害进行抗性鉴定。

7.11.2　回交

通过连续回交可将野生亲缘种或外来种中的抗性导入到受体栽培种中，在每一个回交世代可选用另外一个栽培品种作为轮回亲本。回交的目的是去除供体品种的不理想性状，特别是与抗性连锁的不利基因。

Knott（1989）研究了用回交方法去除野生亲缘物种与抗性连锁的不利性状的效果。小麦抗叶锈病基因是从野生亲缘物种长穗偃麦草中导入到小麦中的，但其中使面粉变黄的不利性状与抗性连锁。在一些报道中，即使与优良品种回交6~10代也不能有效去除所有的不利性状。

在回交过程中，应该每代都进行抗性鉴定，从中选择抗性单株与轮回亲本回交，可利用与抗性基因连锁的分子标记进行辅助选择（见§7.11.5.3），以有效提高回交的效率。

7.11.3　轮回选择

在异花授粉作物中已经成功应用表型或者基因型的轮回选择进行抗性改良，在对数量性状遗传的抗性或遗传特性不明的抗性进行改良时，轮回选择应该是一种有效的改良方法。

为了提高苜蓿对几种有害生物的抗性，Hanson 等（1972）在苜蓿的两个群体（A 和 B）中循环使用了轮回选择策略，虽然苜蓿是多倍体异花授粉作物，利用这种方法也十分有效（见表7.10）。

表 7.10　两个苜蓿亲本通过轮回选择后对有害生物的抗性

有害生物	群体	轮回选择后的感病级别						
		0	1	2	3	4	5	6
锈病	A	6.5	6.3	6.7	3.5	2.6	3.0	2.9
	B	5.8	4.7	3.9	2.7	2.2	2.3	2.0
枯萎病	A	4.2	3.9	3.5	3.1	2.7		
	B	3.7	2.4	1.4				
甲虫	A	84	15	8				
	B	84	45	22				

　　轮回选择在自花授粉作物中也十分有效，尤其当育种人员期望提高由多基因控制的抗性时。通过温和轮回选择提高了大麦对叶锈病的部分抗性（Parlevliet，van Ommeren，1988a，1988b），但在是否能提高白粉病抗性方面尚不明了。

　　表7.10通过一系列的轮回选择提高了两个苜蓿亲本对有害生物的抗性。锈病和枯萎病感病级别分为0~10级，苜蓿甲虫感病级别根据死亡植株百分数进行统计。

　　　　Parlevliet 和 van Ommeren 通过几个大麦栽培品种的互交，创造了遗传类型丰富的分离群体，由于感病率太高，有20%~30%的植株被丢弃，保留下来的植株进行其他农艺性状的选择。将筛选出的品系自交后进行较温和的抗性鉴定和其他农艺性状的考察，再将选出的品种进入新一轮回交。经两轮轮回选择后，大麦品种对锈病的抗性水平得到了明显提高。尽管原始大麦品种比具有部分抗性的 Vada 敏感得多，在经过两轮筛选后，剩余植株的平均抗病能力明显高于 Vada。但在进行抗白粉病改良平行试验中，结果却没有那么显著。详细研究结果见 Parlevliet 和 van Ommeren 的论文（1988a，1988b）。

　　　　这种选择程序也被其他育种家成功应用（Tapsoba et al.，1997；Palloix et al.，1990）。

　　以上例子中提到的轮回选择方法在白粉病改良中未取得显著成效，其原因可能是由于原始材料中存在抗白粉病的主效过敏反应型抗性基因。过敏反应型抗性能保护植物完全抵抗病原生物的入侵，因此，在这种具有完全抗性的遗传背景中，育种人员难以判断部分抗性的水平的高低。如果这种完全抗性的基因在回交选择过程中没有被去除，那么极端感病性就会遗传给下一代（缺乏部分抗性），从而导致部分抗性不能发挥作用。

　　　　另一个原因可能是白粉病只在田间自发发生而锈病是人为接种的，因此，白粉病菌是不同小种的混合物，混合小种不同年度间存在差异，其中既包括抗病基因的毒性小种，也包括无毒小种，导致如§7.6.1中表7.2所描述的表面上的部分抗性。

　　如果在抗性育种中希望能利用部分抗性，但同时还存在过敏反应型抗性基因，建议将极端感病植株和完全抗病的植株都去除掉。

　　　　Q37：为什么要这样处理？

Van der Plank（1963）针对这种现象提出了作物的**微梯拂利亚效应**（**vertifolia effect**），这种效应产生于以完全过敏反应型抗性为主，具有非常低的残余抗性的研究（见 §5.4.2.7）。由于随机漂移，在育种过程中常常忽视了部分抗性而导致其丢失。尽管这是一个合理的假设，但微梯拂利亚效应的实际意义尚有争议。

Q38：请检查表 7.11 中的数据是否反映了微梯拂利亚效应？

表 7.11 中 88 个土豆品种对致病疫霉菌的部分抗性分为有 R 基因和没有 R 基因两种（1＝完全感病，10＝完全抗病）。同时根据成熟期将品种进行分组（10＝最早，1＝最晚）。

表 7.11　88 个土豆品种对致病疫霉菌的抗性及成熟期分组

成熟期分组	抗性			范围[b]
	平均数	有 R[a]	没有 R[a]	
3.5～5	6.09	6.00 (15)	6.29 (7)	4～8
5.5～7.5	5.14	5.63 (19)	4.75 (24)	3～7
8～10	4.46	5.00 (6)	4.26 (17)	3～8
所有品种	5.20	5.48	4.97	3～8

a 括号内表示的是品种的数目。
b 部分抗性的范围值是指单个品种的范围值。

7.11.4　分子标记的应用

无论是单基因控制的过敏反应型抗性还是多基因控制的数量遗传型抗性，在抗性育种中分子标记都非常重要。近几年，报道了很多与抗病基因紧密连锁的分子标记，利用这些分子标记可用于抗性性状的间接辅助选择。

分子标记辅助选择时，最保险的策略是同时使用抗病基因两侧的分子标记，以便发现两侧标记和抗性基因之间的重组。当然最好利用基因本身具有的独特序列作为分子标记，特别是当利用好几个亲本进行杂交时，用于鉴定 R 基因存在与否的分子标记应该具有特异性，即在所有用于杂交的亲本中是独一无二的。

利用基于基序的分子标记体系（motif-directed profiling），可以判断一个基因家族中的特定成员存在与否。根据 R 基因保守结构域序列设计引物，可以将"类抗病基因"从植物基因组中扩增出来，这种基于 R 基因保守序列开发分子标记的方法叫做 NBS-profiling（Van der Linden et al.，2004）。

为了确保抗性基因实际是否存在，仍需要通过抗性鉴定结果证明，因为分子标记和抗性基因有时不是完全连锁的。

利用分子标记进行间接辅助选择具有以下优点：

（1）当研究抗性涉及的病原菌是检疫对象时，进行抗性育种过程中，无需用病原菌接种。当然在前期研究中需要进行接种实验，筛选出与抗病基因连锁的分子标记，利用分子标记进行抗性基因检测。在抗性鉴定实验中，需要和病原生物起源地国家的研究同行开展合作。

（2）当含有多个小种专化性抗病基因的品种抗性水平明显高于具有单一抗病基因的品种时，利用分子标记辅助选择可以将抗病基因进行聚合（见§7.12.2）。

（3）分子标记可以用于检测抗性 QTLs。在进行抗性 QTL 检测时，需要构建高密度的分子标记遗传图谱。利用全基因组覆盖的分子标记体系，最适合 QTL 检测，还可明确抗性位点的染色体位置和 QTL 抗性的效应大小。利用与抗性 QTLs 连锁的分子标记，可以将不同供体亲本中的抗性 QTL 聚合到同一个基因型中，以进一步提高数量性状抗性。

（4）分子标记辅助选择可以提高回交育种效率。第一次回交后，应该在后代中选择含有尽量少的供体亲本的背景分子标记、但含有目标基因分子标记的后代，标记的存在证明目标基因的存在（前景选择）。选择这些植株再次回交后，重复以上过程，可以快速将目标基因转入到轮回亲本中。

Q39：假设你是一名亚洲的菜豆（*Phaseolus*）育种者，已经选育了两个优良菜豆品种。菜豆是自花授粉作物，目前一种病原菌被偶然自南美引入于亚洲，但所有的亚洲品种都表现高度感病，包括你培育的品种。你决定导入抗病基因提高你所选育品种的抗性。在实验研究中已发现该病害是种传和土传病害。种传可以通过种子检疫方法进行有效控制，但是土传却是个大问题，进展缓慢。轮作措施无效而土壤去毒成本昂贵。已发现了一些高抗的南美地方品种，你发现在 Ph112 和 Ph236 两个品系中，其抗性是单基因遗传控制，是完全的小种专化抗性，而你在 Ph16 和 Ph814 两个品系中还发现了由多基因遗传控制的、非小种专化的数量性状抗性。那么，

（1）你将如何设计你的育种计划？你会选择哪些品系进行抗性育种？并请解释原因。

（2）你如何确定 Ph112 和 Ph236 品系是否有相同的抗性基因位点？

（3）你如何确定 Ph16 和 Ph814 是否有相同的多基因抗性位点？

7.12　如何更科学地利用非持久性抗性

7.12.1　引言

正如§5.4.1.9和§7.10.4中所述，过敏反应型抗性的局限性在于其有限的持久性。如果一个又一个抗性基因用于抗性育种，而病原菌不断进化出新的致病小种克服抗病基因的抗性，那么总有一天作物品种的所有抗性基因都将利用殆尽（表7.12）。因此，育种人员和植保学家设计出许多方案以提高这类基因抗性的持久性，这些方法包括：①阻止病原菌新致病小种的产生；②阻止致病小种的流行、繁殖和扩散。

7.12.2　抗性基因聚合

如果能够选育包含两个或多个抗性基因的品种，这些抗性基因可以对病原菌形成多重障碍，从而增强抗性的持久性。而病原菌需要两个或更多的突变才能破坏这种抗性。因此，此方法能够有效阻止致病小种的形成。

表 7.12　1938~1960 年在澳大利亚失效的抗小麦秆锈病基因

年份	引入的抗病基因（品种）	第一次发现致病小种	新小种的扩散
1938	*Sr 6*（Eureka）		
1942		×	
1945			×
1945	*Sr 11*（Sseveral cultivars）		
1948		×	
1950			×
1950	*Sr 9b*（Festival）		
1959		×	
1958	*Sr Tt*（Mengavi）[a]		
1960		×	

a 抗病基因来源于提莫非维小麦。

小麦品种 Manella 和 Felix 对条锈菌具有相对持久抗性（见§5.4.1.9，表5.8），主要是由于它们都有两个有效抗性基因。

进行抗病基因聚合时应该满足以下条件，才能保证基因聚合提高持久抗性的有效性。

（1）病原菌对这些抗性基因都是无毒的，即相应的 Avr 基因的等位基因的频率为1；

（2）未种植携带单个抗性基因的品种；

（3）若释放的几个品种具有聚合的抗性基因，它们携带的抗性基因应该无重叠。

　　如果品种 Alfa、Beta 和 Gamma 分别具有抗性基因 $R1$、$R1/R2$ 和 $R2/R3$，当 $R1$ 对病原菌无效时，品种 Alfa 变得感病。在这种情况下，只有 $R2$ 能使 Beta 不受病害侵染。病原菌仅需一个单独突变（$Avr2 \rightarrow avr2$）就能侵染品种 Beta，以此类推。

　　这种现象在亚麻/亚麻锈病系统上已经发生。20世纪70年代选育的抗病品系，一般携带两个或三个抗性基因：L^6M^3 或 $L^6M^3N^1$。由于 N^1 的抗性在1973年已无效，后来的亚麻抗病品种基因型只能依靠 L^6 和 M^3 两个抗病基因。对于只携带抗性基因 L^6 的品种，病原菌只需要简单的突变就能克服其抗性。

原则上，只有一个主效抗性基因的基因型和有两个或多个主效抗性基因的基因型难以区分，因为这两种基因型都具有完全抗性，且表型相同。这就使得获得基因聚合的程序更为复杂。

当两个具有不同抗性基因的亲本相互杂交时，可以利用以下几种方法来鉴定其后代是否同时携带两个亲本的抗性基因：

（1）使用任意一个抗性基因的致病小种，这些致病小种应该从其他地方引进并且被控制在实验室内不能流散出去。

　　这种方法已经在澳大利亚小麦育种上成功利用，并且培育出抗秆锈的品种。育种人员根据国际抗病鉴定圃鉴定结果选择杂交亲本，然后将最好的亲本后代送到小麦生长区外的抗性鉴定中心实验室，在那里利用通过突变获得的复合病原小种对其进行抗性鉴定，这些突变的生理小种比大田中的大部分复合小种都更为复杂。筛选出的对实验室内复合的和病原小种具有抗性的品系可能具有多个抗性基因。

（2）测交，可与感病基因型测交判断是含有单个抗性基因还是两个抗性基因（假设携带的两个抗性基因不连锁，为纯合体）。若 F_2 代抗感分离比为15：1，则表明含有两个抗性基因；若 F_2 代抗感分离比为3：1，则表明含有一个抗病基因。

（3）对于杂交种品种，可以直接将含有不同抗病基因的自交系进行杂交，达到基因聚合的目的。

（4）若已有与抗性基因紧密连锁的分子标记（如 RFLP、SCARs、SSR 或 SNPs），则可以直接通过分子标记辅助选择，检测后代是否含有聚合的抗性基因。

基因聚合方法的主要问题是需要立法和国内外的合作，育种人员应该在需要聚合的抗性基因上达成共识。然而，这种合作是很难实现的。

7.12.3　抗性基因的多样性

使用多样化的抗性基因能够减缓病原菌因适应性进化而产生的基因突变，因此抗性也更为持久。即使在病原菌群体中出现了致病小种，也不足以使含有多样化抗性基因的品种都感病。病原菌群体与抗性基因是共同进化的。

植物的每一种基因型都会对部分病原菌小种表现感病，但由于抗性基因具有多样性，病原菌也会面临着多样化的选择压力。

为了提高品种的抗性的多样性，可以采取将携带不同抗性基因的各种基因型混合的方法。这种方法将在 §7.12.4 中讨论。

一个简单方法是通过对不同抗性基因品种的合理布局来实现不同时间或不同地点的抗性基因分布的多样性。具有不同抗性基因的品种可以生长在同一田块或同一区域的不同田块。利用这种方法的前提是首先要获得携带不同抗性基因的品种，而这并不容易。

这种方法还需要许多农民或种植者共同合作来实现抗性品种的合理布局。英国列出了一些关于大麦（抗白粉病）和小麦（抗叶锈和条锈病，如 http：//www.hgca.com/varieties/rl-plus/ww/chardesc/yrust-diverse.html）品种的信息，使农民可以据此选择种植不同的抗病品种以控制病害。

但其提供的目录却未能被农民充分利用来组合一个多系品种，其原因如下：

（1）目前仅有一个致病力极强的条锈病毒性小种，而该小种可侵染几乎所有的现有品种；

（2）由于成熟期和品质的原因，农民不喜欢种植多系品种；

（3）大麦种植者主要利用抗性持久的完全抗白粉基因，该基因存在于大部分春大麦品种上。

荷兰植物品种局在 20 世纪 90 年代终止了这项服务，主要是因为科研院所和育种公司已停止收集大部分重要病害抗性数据。

还可以在地区或州的水平上进行抗性多样性品种布局，这需要制定适当的法规并进行监督。其做法是将一个地区划分成不同的种植带，在不同地带种植含有不同抗病基因的一组品种，通过这种方法可有效控制病害的流行。

　　Browning 等（1969）建议将北美大平原均分为三个种植带。他将之成功用于燕麦冠锈病互作系统，其他小作物的锈病互作系统也同样有效。锈病在南部的州越冬，然后在春天逐步迁移，直至加拿大。如果锈菌在南方越冬，在中部区域和北部区域都种含有抗病基因的抗性品种，则可有效阻断病原菌向北方的传播路径。利用这种方法，病原菌在向北传播的过程中，每到一个新区域都需要含致病基因的病原菌向后传递，但是由于有了抗病品种作为屏障，则可以阻止病原菌的传播。

　　采用这种方法控制了北美平原的小麦秆锈病的流行。自 1956 年以来，秆锈病未暴发过，目前在中部和北部区域已经很难发现秆锈病。

　　这种方法在病原菌越冬区产生的效果比中部和北部差，在南部区域，作物上生长的病原菌小种更少，因为病原菌不需要具有对另外两个生长区域品种有致病力的毒性基因。

基因多样性最终也只是区域基因变异的多样性，可将不同的抗性基因应用于不同的冬性和春性品种中（如大麦和小麦）。很多叶部病害在冬性作物上越冬。如果春性作物和冬性作物具有不同的抗性基因，则病原菌不能在两者之间传播，这样病原菌的传播每年将面临两个生物屏障。

7.12.4　多系品种和混合品种

　　在保持品种一致性的情况下，自花授粉作物还可通过构建多系品种和混合品种的方法提高品种抗性基因多样性。

7.12.4.1　多系品种

　　多系品种是由含不同抗性基因的近等基因系混合而成（图 7.10）。"纯净"的多系品种指每个抗性基因对各目标区域的所有小种病原菌表现有效抗性，而"污染"的多系品种指多系品种中有的品种携带无效抗性基因。

　　多系品种中希望应用抗性基因能提高其抗性的持久性。

　　单一种植的品种携带的抗性基因 $R1$ 可以抗所有携带无毒基因 $Avr1$ 的病原菌（根据基因-基因原理，$Avr1$ 与 $R1$ 相对应）。若 $Avr1$ 突变为 $avr1$，则所有植株都将感病。含有 5 个抗性基因的多系品种（由 $R1$、$R2$、$R3$、$R4$ 和 $R5$——近等基因系组成）只对复合病原菌小种感病，这个复合小种必须要携带针对所有抗性基因的致病基因，即 $avr1$、$avr2$、$avr3$、$avr4$ 和 $avr5$，这样的复合小种一般不存在，多系品种抗性一般比含有单一 *R1* 基因的品种抗性要高。

如果病原菌的稳定化选择可以阻止形成复杂的生理小种，那么利用多系品种则可使作物获得持久抗性。但事实上，稳定化选择不会经常发生（§5.4.1.9），因此是否可以通过利用多系品种获得稳定的抗性尚不明确。

图 7.10 是以推广栽培品种 Tadorna（Ta）为亲本，通过回交选育抗条锈的多系品种"Tumult"的过程。

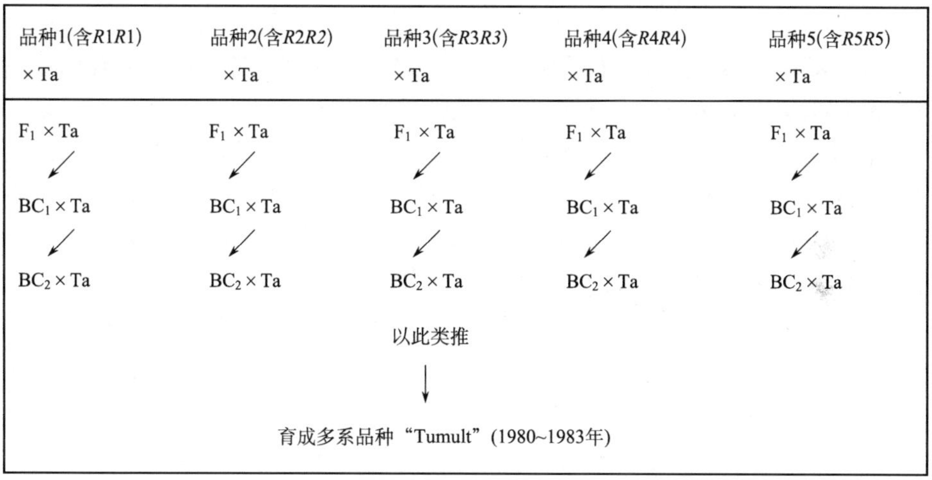

品种1(含*R1R1*)	品种2(含*R2R2*)	品种3(含*R3R3*)	品种4(含*R4R4*)	品种5(含*R5R5*)
×Ta	×Ta	×Ta	×Ta	×Ta
F₁×Ta	F₁×Ta	F₁×Ta	F₁×Ta	F₁×Ta
BC₁×Ta	BC₁×Ta	BC₁×Ta	BC₁×Ta	BC₁×Ta
BC₂×Ta	BC₂×Ta	BC₂×Ta	BC₂×Ta	BC₂×Ta

以此类推

育成多系品种"Tumult"(1980~1983年)

图 7.10　以推广栽培品种 Tadorna 为亲本育成多系品种"Tumult"。

要将最初"纯净"的多系品种变为完全感病，病原菌群体应该需要相当长的时间才能形成复杂的致病小种。

利用多系品种策略也有以下不足之处：

（1）方法太保守。选育多系品种回交过程需要 3～6 年，等到多系品种创建出来之时，轮回亲本的产量和其他特性已远远落后于当前的推广品种。

"Tumult"多系品种育成图即说明了这点，其背景亲本"Tadorna"（图 7.10）是 1966～1976 年大面积推广的品种，有较好的产量潜力，Zelder 种子公司于 1980 年开始推广 Tumult。此时的重要推广品种的产量已迅速增长，而"Ta"却没有增加（与 Tumult 的水平一样）。1967年，Tadorna 在壤质土和砂质土中的相对产量分别为 110% 和 114%（假定当时品种的平均产量为 100%），但至 1980 年，Tumult 的相对产量分别下降至 102%（砂质土）和 100%（壤质土）。

（2）选育的过程既费力又复杂，需要不断进行回交和重复进行抗性鉴定。此外，种子的贮存和繁育也比常规品种麻烦，但利用分子标记可以加速回交进程

（§7.11.5.3）。

（3）现行法律（育种人员权力保护法和注册登记法）不适用于多系品种。品种经一定数目（通常3~5次）的回交，其成分相似度尚达不到法律要求的纯度标准，因而不允许作为一个作物品种。在这种情况下，每一个系都需要进行注册登记，不但成本高，而且麻烦。

主要因为这些不足，多系品种没有得到推广，现在也很难进行商业化种植。

7.12.4.2 混合品种

混合品种是多系品种的替代物，是由许多携带不同抗性基因的品种组成的，有些品种是从推广品种的多样性列表中选择出来的（§7.12.3）。

显然，混合品种之间不是近等基因系，它们的农艺性状差异很大。因此混合品种常常是由具有相似特性（如株高、成熟期）的品种组成的。在禾谷类作物中，尤其是作为动物饲料的作物，可以允许其有较高的农艺性状杂合性，由于混合品种构建程序简单，其比多系品种更具优势。

Zhu等（2000）发现，在中国云南将两个水稻品种组合可以降低水稻稻瘟病菌的危害。其中一个水稻品种为具有较高市场价值的糯稻，但该品种感稻瘟病；而另一个品种为市场价值不高的非糯杂交种，但高抗稻瘟病。为了便于手动收获时分开两个品种籽粒，将两个品种分别种在纯和交替行：即每种一行糯性品种，交替种植4~6行非糯性品种。与单一种植时比较产品的经济价值和穗瘟发病情况后发现，由于抗病非糯性品种作为保护行隔离特征，糯性品种对稻瘟病的感染下降了94%，而产量则增89%，每公顷的市场价值也随之增长。第二年，无需利用杀菌剂进行稻瘟病防治，这种多样化策略在中国的应用逐年增加，至2000年已推广到4000公顷。Revilla-Molina等（2009）指出，混合品种的另一个优点是，由于旁边抗倒伏非糯性品种的存在，高秆糯性品种也不再倒伏。

混合品种混合的目的和理论意义与多系品种相同，只是混合品种的组分更简单，只是将目前正推广的携带不同抗性基因的品种像多系品种一样混合种植。

在实际应用时的不足之处是，含有不同抗病基因的品种太少，因而选择余地太小。

Q40：为什么选育抗疫霉病马铃薯多系品种的策略不可行？那么选育混合品种是否可行？

7.12.5 综合防治

建议利用几种防治策略综合防治病害，包括推广利用抗性品种（即使无持久抗性）和其他防治方法。病原生物低密度时不易形成致病力强的小种，因此，抗性表现更持久。

在实际生产中还会受到很多其他方面的限制，如进行轮作需要遵守法律和地方法规；种植者和植物育种者在利用上面所讲的其他方法时也应遵守国际法律法规。在下一部分内容中会通过一些事例说明。

7.12.5.1 土地空植

许多有害生物每年至少都会经历一次瓶颈期。病原菌在适宜条件下会迅速增长，而非适宜条件下则显著减少。例如，宿主不存在时，病原菌群体的遗传组成主要取决于瓶颈时期存活下来的病菌基因型。

若在病害开始和瓶颈期间，采取措施控制病原的发展传播，则病原生物致病小种则很难存活并传递到下个季节。

白粉病是西欧地区大麦的严重真菌病害之一。从第 49 页（Leijers-tam，1972）中的例子推测，在白粉病发病严重的地区每天都可能有较高数量的白粉病菌株产生新的突变，因此，很难想像一个抗病基因的有效性可以持续不是几个星期而是长达几年。也有假设认为，新的突变菌株要存活下来也需要经历挑战，因为它要与群体中的原始基因型进行竞争。

这种竞争在瓶颈时期表现得尤为激烈。在大麦刚好成熟前进行大量的接种，病原菌群体将完全消失。大麦收获后，绿色组织（晚期的侧生分蘖或者是实生苗）群体很少，随着换季临近不断增加，实生苗或冬大麦上又都会产生新的病原生物群体，它们将在下一季度的冬大麦上流行，在春大麦轻度发生。通过禁止种植冬大麦会增强瓶颈效应，用这种方法，夏季形成的致病突变体在冬季植物上存活的概率将大大下降。丹麦通过多年使用这种方法，使主效基因抗性的持久性平均增加了 3～4 年或 10 年以上。

7.12.5.2 轮作与土壤消毒

播种的种子和繁殖的材料在生产和贸易中，都需要进行严格的检疫，以尽早发现和脱毒。通过这种措施有效防止了马铃薯病毒的传播（见 §6.11）。

　　土传内生集壶菌马铃薯癌肿病菌（*Synchytrium endobioticum*）是马铃薯有害病菌之一，为单细胞真菌，无菌丝，可引发癌肿病株。此病菌在适宜的条件下可在土壤中存活 40 多年。该病害的抗性具有致病型特异性的特征，目前已知的致病型有 20 多种，其中 4 种来自荷兰。一旦农民在田间发现癌肿病株，就必须要向植物病理机构报告。至少 20 年中该田块不能种植马铃薯，而且其附近的田块也不能种植。直至鉴定出抗此致病型的抗病品种。然后经过至少 5 年的集中抽样实验或者至少 10 年的粗放型抽样实验，农民才能种植农业部审批的抗性品种。抽样时需选择疑似田块上种植的感病品种，若它们未被感染，则测验为阴性，表明致病型特异的抗性基因依然有效，无需引入新的抗性基因。在荷兰，癌肿病菌的群体水平已极低，因此，在 1974 年取消了强制种植抗肿瘤菌的马铃薯品种的法律要求。在荷兰，马铃薯胞囊线虫类（马铃薯金线虫和马铃薯白线虫）的防治包括以下几方面内容。一般情况下，农民可以每隔 3 年种植一次马铃薯。在马铃薯种植区（即生产用于块茎繁殖的马铃薯茎块）是不允许种植商用马铃薯的，以确保这些种子块茎不受胞囊线虫的污染。一旦发现有活力的线虫菌，该地区至少 12 年内禁止种植马铃薯。如果农民要求缩短禁令时间，他必须支付对大田土壤进行消毒所需费用，而且还要做一次彻底的土壤测试，之后，才允许继续种植抗性马铃薯品种。如果已知初始感染的线虫的种类和致病型，农民可以选择种植具有有效抗性的马铃薯品种。这些抗性品种可作为一个陷阱：他们可以使近期休眠的线虫苏醒，这些线虫感染抗病马铃薯品种后就会死亡。这些陷阱品种在成熟前一定要除掉（使用除草剂）以防止还有存活的线虫（在当地线虫群体中毒性等位基因的频率是较低的）（见 §6.3）形成线虫孢子。还需通过 1∶3 的轮作有效地控制线虫在田间的大量扩繁。

　　对线虫的抗性一般是由一个或几个基因控制的。权威部门认为线虫繁殖因子低于 1.0 的品种是抗性品种（可使线虫群体下降）（见 §6.3）。表 7.13 显示了不同防治措施对线虫群体大小的影响。若种植感病马铃薯品种，其线虫增加因子为 25。而若种植不同作物（非寄主）时，线虫群体将下降（每年降至每个季节开始时群体的约 2/3）。而如果种植抗性品种则会降低至约 1/5。在生产实际上情况更为复杂，因为存在不同致病型，以及种植其他作物时马铃薯实生苗的出现都会干扰这一因子，导致线虫群体下降的速度较慢。

　　表 7.13 是 10 年间各种栽培条件下马铃薯胞囊线虫群体的大小，以每平

方米的数量为单位。第一次栽培的原始浓度是 4 个/m^2 胞囊。S 代表敏感品种，R 代表抗性品种。种植马铃薯的胞囊数用下划线表明。

表 7.13　10 年间各种栽培条件下马铃薯胞囊线虫群体的大小

栽培条件	每季节末胞囊线虫数量/m^2									
（仅感病品种）	1	2	3	4	5	6	7	8	9	10
感病品种	100	2500	以后几年没有产量							
感病品种，每 4 年种 1 次	100	66	44	30	<u>750</u>	<u>500</u>	334	220	<u>5500</u>	3670
感病和抗病品种轮换 种植，每 3 年轮换 1 次	<u>100</u>	66	44	9	6	4	<u>100</u>	66	44	9
抗病品种，每 3 年种 1 次	0.8[a]	0.6	0.4	0.08	下降至 0					
抗病品种，每两年种 1 次	0.8[a]	0.6	0.1	迅速下降至 0						

a 表示因抗性品种的种植而导致原始胞囊线虫由 4 个/m^2 降至 0.8 个/m^2。

7.13　抗性育种与生物防治相结合

许多昆虫可以通过生物防治控制，特别是温室作物。通过引入昆虫的一种或更多种自然天敌，植物、昆虫和昆虫的捕食者就形成了**三者系统（tritrophic system）**，此系统中的这三个物种既相互影响，又相互独立。当种植抗性较好的品种时，作物的生长过程将可以影响昆虫类群体的大小，从而影响捕食者群体的大小。可以想像各种情况都有可能发生，在抗性作物上的捕食者可以使虫害维持在可控范围内，这样的生物防治将更加成功。

但另一方面，抗性品种也会导致昆虫群体密度太低而不足以维持捕食者的生存。还有证据表明，抗性品种可通过产生有毒化合物对有害昆虫产生抗性，但这种物质也同样对捕食者有害。这种情况可能会导致该三者系统的平衡被打破，结果使情况变得更糟糕。

练习题答案

第二章

Q1. 相同点：它们都是从植物体吸取营养、对植物有害的有害生物。不同点：病原生物和寄生物生活在植物体内或者表面，而大多数食草动物是移动的，可以在植株之间来回运动；食草动物和某些寄生物是动物，病原生物都是微生物；真病原生物引起植株生理失衡（即产生症状）。

不同类型生物之间存在交叉。

Q2. "致病"的意思是引起病害，白粉病菌实际上不会引起病害，因为被侵染的植株没有表现生理失衡（除非在侵染非常严重的时候），所以没有真正的症状，人们从侵染植株上看到的是白粉病菌本身。

黄萎病菌引起萎蔫病，被侵染植株表现完全的生理失衡（症状），是一种真正的病害症状。

第三章

Q3. 这种形态的功能是避免被羚羊等生物啃食，是通过伪装机制避害的例子。

Q4. 抗病性：参见专业术语表中的定义。只有测定和比较品种 A 与品种 B 植株上（体内）病原生物的数量才能知道是否有抗性。

耐害性：参见专业术语表中的定义。要了解单位病原生物或寄生生物存在时，寄主植物受到损失的程度，如产量和收获产品的下降等。还应当了解：①在病原生物或者寄生物不存在时，品种 A 和品种 B 的产量或者价值；②在病原生物或者寄生物存在时，品种 A 和品种 B 的产量或者价值；③了解品种 A 和品种 B 上的侵染量，以便能够表示在单位病原生物或者寄生物存在时，品种 A 和品种 B 的侵染量。

同样可以用症状这个术语来代替损失，但这时要设置一个没有病原生物的处理情况，与健康植株比较，得出如花叶病、萎蔫病等的发病程度。

Q5. 不对。白粉病菌不引起病害症状。能看到的只是病原生物本身，如果植株上没有白粉病菌，则植株是相对健康的（较少的病原生物量）。

　　对萎蔫病菌和孢囊线虫病而言，根据症状确定耐害性是可以接受的，这些有害生物引起病害症状，相同量病原生物在一个寄主基因型上引起的萎蔫或者黄花症状可能会比在另一个基因型上更加严重（耐害性的差异）。

　　Q6. 品种 B 和品种 C 是抗性最好的，因为病毒的增殖量少，即病原生物少；品种 A 是最易感病的，因为在该品种上，病原生物的增值量最高。回答这些问题，不需要其他三列数据。

　　就症状而言，品种 B 是最耐害的，因为 0/50 是最低的；就损失而言，它也是最耐害的，每 50 个病毒单位引起产量下降最少，即 $(100-100)/50=0$。

　　就损失而言，品种 C 是最敏感的，因为单位病毒浓度引起的产量下降（损失）比其他品种都要多，即 $(50/90×100)/50=1.1$。

　　单位病毒浓度下，品种 A 的症状是最严重的，即 $8/100>3/50$。但严格来说，这种商是不允许的，因为症状并不是连续的，可以进行线性分级。

　　Q7. 测定植物对白粉病菌的抗性要比萎蔫病菌的抗性更容易。因为测定抗性水平是通过比较存在的病原生物的数量，对于白粉病菌而言，叶片表面就可以观察病原真菌，所以比较容易；萎蔫病菌是生长在根系和维管束组织内，很难测定其数量。萎蔫病菌侵染的影响主要是病害症状，所以容易观察，但是，出现温和的症状也有可能是耐害性。

　　Q8. 很难回答这个问题。品种 C 的表现当然最好，但这可能是抗性的结果，也有可能是耐害性的结果。只有在知道了单个植株体内病毒的浓度时，才能回答这个问题。如果品种 C 的病毒浓度很低，则其优良表现是抗性的结果，如果与品种 A 和品种 B 中的浓度一样高，则它的优良表现就是耐害性的结果。

第五章

5.2　广谱抗性

　　Q9. 被动的广谱抗性的可能缺陷：这种抗性对所有可能的食用者都是有效的，所以可能对牛和人类也是有毒的，是被动的；它在受到食草动物侵害前，就已经存在了。例如，马铃薯中高浓度的生物碱可以抵御科罗拉多甲虫的危害，但这样的马铃薯薯块不适合人类食用。

5.4　寄主抗性

　　Q10. 烟粉虱：有最少数量蛹（即变成蛹之前的幼虫的成活力）的植株可能是抗性的，或者是避害的（成虫不喜欢在植株上产卵），或者两者作用都有，或者是逃避，如果温室里的光照强度和温度不均匀，成虫会寻找最适合地方（如温暖的角落）的植株进行侵扰，这不是植物的特性引起的。

病毒：抗性和（或）者耐害性。

白粉病菌：抗性。

5.4.1.2　小种专一性

Q11. 专化型和小种：

相同点——都是有害生物种内的一个分类单元，是根据其在寄主上成功侵染的能力进行分类的。

不同点——小种是根据其侵染一个植物种内不同基因型的能力差异来分类的单元；专化型是根据其侵染不同植物物种的能力的差异来进行分类的单元。

Q12. 最右边的两个菌株显然是专一性地侵染硬粒小麦，不能侵染普通小麦，这是寄主种水平上的专一性，说明这个病原生物是由不同专化型组成的；左边的所有菌株都能一定程度上侵染一些硬粒小麦材料，专化型的划分边界不是很明确。

品种水平上第二层次的专一性。在普通小麦内的材料上，有侵染力的菌株 IPO86103 能侵染 Salamouni，但菌株 IPO94218 不能侵染这个材料。在这一套数据里面，有很多这样的例子。可以认为这些菌株是属于不同致病性小种的。

5.4.1.3　基因对基因关系

Q13. 如果一对"基因对基因"是不亲和性的（$R1$-$Avr1$），另一对是亲和性的，则不亲和性的关系可以掩盖亲和性的关系。见表 5.2，第 1 行和右边第 2 列的"－"就是例子。

Q14.

品种	菌株 A	菌株 B	菌株 C	菌株 D
Jetta	－	＋	－	－
Uno	＋	－	＋	－

这也可以说明前一个问题，例如，Jetta/A 是唯一的"－"，因为有 $R1/Avr1$，而其余的均应该为"＋"。

Jetta/isoD 事实上是"－"，因为有 $R1$ 和 $R2$。把 Jetta 与一个普感材料（$r1r1r2r2r3r3r4r4$）杂交，F_2 群体用 D 接种时，给出两个分离基因（两对基因分离：15R∶1S），而用 A 测试时，是单个基因的分离（一对基因分离：3R∶1S）。

Q15. 讨论题：

很难说。在发现的时候，R 基因可能对世界上所有的该病原生物的基因型是抗病的（因此是小种非专一性的），但也许病原生物以后产生了一个突变体，在匹配的无毒性基因上产生一些修饰，因此是毒性的，所有抗性变成了小种专一性。

所有植物育种家开始寻找仍然没有丧失的完全抗性，但是，称这些抗性是小种非专一性的抗性为时尚早。

5.4.1.4　抗性遗传

Q16. 稻瘟病菌：

品种 A 没有抗性；

品种 B 与品种 A 杂交时，其抗性是单基因遗传的；

品种 C 也有这样的抗性，但与品种 B 不同；

品种 B 的抗性是 $R1$，菌株 2 对这个基因是毒性的（$avr1$），菌株 1 和菌株 3 被认为是无毒性的（$Avr1$）。

如果品种 C 没有 $R1$ 时，则可能有 $R2$，否则这个品种就不会抗菌株 2，而感菌株 1 了。这里的菌株 2 是 $avr1Avr2$。

因此：

品种 A 是 $r1r1r2r2$；

品种 B 是 $R1R1r2r2$；

品种 C 是 $r1r1R2R2$。

但这个结论不准确，因为在品种 B 与品种 C 杂交时，F_2 群体用菌株 3 接种时，出现 1/16 的感病植株（基因型 $r1r1r2r2$），按照这个练习题，不是这种情况。

因此：

品种 A 是 $r1r1r2r2r3r3$；

品种 B 是 $R1R1r2r2R3R3$；

品种 C 是 $r1r1R2R2R3R3$。

如果菌株 3 有 $Avr3$，品种 B 与品种 C 杂交的后代实际上都应该是抗病的，菌株 3 应当是 $avr1avr2Avr3$；否则，用菌株 3 接种时，品种 B×A、品种 C×A 的后代就不会出现单基因分离。

其他答案：

$R1$ 和 $R2$ 可能是完全连锁，或者甚至是复等位基因时，

品种 A 是 rr；

品种 B 是 $R1R1$；

品种 C 是 *R2R2*。

这也可以解释为什么品种 B 与品种 C 的杂交 F_2 中没有感病植株的现象。

看起来是有基因对基因关系的，因为品种 B 和品种 C 与菌株 1 和菌株 2 之间有鉴别性相互作用。

Q17. 至少 4 个小种：菌株 2 和菌株 5 可能属于同一个小种。要增加品种，得看看这些菌株是否是不同的，这一点是很难肯定的。

从抗性最差的品种开始，品种和病原生物之间再前后看看，寻找可能的抗性基因组合：

Pinto：假定是 *R1*，在 Pinto 上发生亲和性反应（＋）的所有菌株都是 *avr1*。

接种菌株 3 时，给出（＋）的所有品种都不携带 *R1* 基因，它们应当是 *r1*。

Vesuvius 是抗性的，但它没有 *R1*（见上）的作用，我们可以假定它对菌株 1 和菌株 4 的不亲和性（－）是由于 *R2* 的作用。

在 Vesuvius 表现亲和性（＋）的所有菌株都应当是 *avr2*，以此类推。

这样，假定 Marco 是抗病基因 *R3*，Remon 可能是 Pinto 和 Vesuvius 抗性基因的组合（*R1* 和 *R2*），Clara 可能携带所有三个基因。当然，这仅仅是假设，也许有更多的基因存在。

Q18. 小种专一性抗性的证据：B 和 E 对某些菌株是有抗性的，而对其他菌株是没有抗性的。称侵染水平 1 有抗性也是合理的。

鉴定品种 A 对菌株 1 抗性基因数的唯一方法是配置杂交组合。A×D（D 是一个普感品种）：用菌株 1 测试 F_2 群体的抗感分离比。（同一个 F_2 群体用另一个菌株接种可能给出不同的抗感分离比，参见 Q14. Jetta/Uno 的练习题）。

E×D 也是单基因的吗？如果是，测试 E×A 的 F_2 群体，如果它们拥有同一个抗病基因（至少在同一个位点上），则 *RxRx*×*RxRx* 的 F_2 群体没有分离。

5.4.1.5　抗性表达的表现型

Q19. 抑制因子：亲本是［括号（　）中的内容是表现型］，
R1R1SS（感病）×*R1R1ss*（抗病）（因为抑制因子是显性的）。
F_1：*R1R1Ss*（感病）
F_2：按照 S-s 位点分离：1*R1R1SS*：2*R1R1Ss*：1*R1R1ss*（3 抗：1 感）
如果不了解抑制因子，就会认为这个材料中有一个隐性抗病基因。

5.4.1.7　生理小种

Q20. 菌株 A～D 的小种的表示方法：
菌株 A 是（2，3，4）；

菌株 B 是（1，2）；

菌株 C 是（2，3）；

菌株 D 是（0）。

Q21. 一套 3 个品种（系）组成的鉴别寄主最多可以鉴别 8 个小种。

品种	1	2	3	4	5	6	7	8
A	＋	＋	＋	－	＋	－	－	－
B	＋	＋	－	＋	－	＋	－	－
C	＋	－	＋	＋	－	－	＋	－

每个品种/菌株组合都有亲和性（＋）和不亲和性（－）两种可能性。

推导的公式是：n 个品系可以鉴别 2^n 小种。

Q22. 表 5.8 中：有毒/无毒性：

菌株 8：2，3，4，5，8/1，6，7，9；

菌株 A：1，4/2，3，7，8。

这个例子中，在一套鉴别寄主品系中有多于一个抗性基因时，会出现问题的。因为菌株 A 对 Pa_2 是无毒性的（在品种 Peruvian 上是"－"），只能预期在品种 Quinn 和 Bolivia 上也是"－"。所以不知道对 Pa_5 和 Pa_6 是毒性/无毒性。

对菌株 8 也不是真的，因为它对 Pa_2 是毒性的，所以，对 Pa_5 和 Pa_6 是毒性/无毒性，可以直接根据品种 Quinn 和 Bolivia 上的反应加以判断。

5.4.1.8 抗性持久性

Q23. 品种 Clement 没有失去任何东西，在保持这个品种时，没有丢失基因。最好的说法是病原生物失去了无毒性/寄主抗性的丧失是由于病原生物群体的变化，而不是品种发生了变化。

Q24. 许多 QTL 都是微弱的，因为即使使用相同的定位群体，它们也只在某些条件下出现。它们可能刚好达到显著性，对它们的定位也常常不太准确，所以很难判断你所鉴定的 QTL 是否是新的 QTL，是否与另一个定位群体或试验中相似的（但不是同一个）区间已经定位的 QTL 相同。

第七章

7.2.3.4 来自病原菌的基因

Q25. 对线虫可能有抗性的甜菜品种类型有：

（1）欧洲甜菜品种；

（2）外来甜菜品种；

（3）饲用甜菜/叶用甜菜/红甜菜品种（不同的品种群体）；

（4）野生甜菜（*Beta maritima*）；

（5）有亲缘关系的甜菜物种（如 *Beta procumbens*）。

类型 1 是不能选的，因为练习题目中指出该类型是"没有可用的抗源"。因此类型 2～类型 5 都是可供选择的品种类型。类型 3～类型 5 的缺点是需要多次回交以增加含糖量及改良其他农艺性状。类型 5 还存在杂交障碍问题。然而，类型 4 和类型 5 中易于发现"新"抗性类型/基因，因为线虫还没有发展出相应的致病性。引入这些新抗性将会增加育成甜菜品种中抗性的多样性，使线虫不易打破。

Q26. 限制抗性转基因的重要因素（在狭义层面上）：

（1）某些作物很难进行转基因；

（2）某些国家民众对转基因作物接受程度低；

（3）转入的基因不总是像预期的那样有效。

7.3.2　离体选择

Q27. 死体营养型病原菌通常产生毒素，将其加入到培养基中，就可以分泌毒素杀死敏感的细胞/愈伤组织。而活体营养型病原菌在侵染过程中不产生毒素，并且很难在愈伤组织等分化极低的组织上生长，即使能生长，对抗性植物的细胞/愈伤组织的选择也没有帮助。因此，利用离体（细胞水平上）只能筛选死体营养型病原菌抗性。

流程：植物组织→培养基上的细胞/愈伤组织→（可选择诱变处理）→加入死体营养型病原菌产生的毒素→选择存活细胞→使用高浓度毒素重复筛选→用存活细胞/愈伤组织再分化植物→检测再分化植物对病原菌的抗性→检测后代（种子或者单克隆繁殖体，取决于作物品种）抗性。最后两步对于检测抗性是否持久及是否由遗传突变导致十分重要。

7.6.1　菌株的混合物

Q28. 初步的结论是这些抗病品种中可能存在新的抗性基因（也就是该病原菌还没有相对应的 *avr* 基因）。此外，也有可能这些品种是由已知抗性基因组合起来形成的。

7.8.1.1 侵染程度

Q29. 将已知数据填入公式,计算出品种 A 的 AUDPC 是 50+240=290;品种 B 的 AUDPC 是 250+712.5=962.5。

Q30. 发病率指表现出(某种程度上)被侵染的植株比例。对于多循环叶部病害来说,发病率在生长季很早就能达到 100%。即使在数量性状抗性很高的品种中,所有植株叶片会很快出现至少 1 个病斑或锈菌孢子堆。侵染程度则主要反映了每个植株被侵染病斑的大小和数量。所以用发病率来评价就会出现很大的差异。

Q31. 品种 A 上的潜伏期是 177.6 小时。

对于品种 B,最终统计是 50,50% 就是 25。计算出的潜伏期介于接种后 194~281 小时。将已知数据填入公式,算出的潜伏期是 195.7 小时。

7.8.1.3 损失评估

Q33. 设置未处理对照的实验(如使用杀虫剂)目的是用来确定产量损失。未处理对照的产量和受感染后的产量差表示"损失"。假如使用对植物有轻微毒性的杀虫剂,就会降低未处理对照的产量。因此,未处理的产量和受感染后的产量差会被低估,耐害性会被高估。

假设没有病原菌和对植物有害杀虫剂的产量是每公顷 10 吨,有杀虫剂的产量是每公顷 9.5 吨(杀虫剂对植物也有害),受病原菌感染后产量是每公顷 8 吨。那么病原菌导致的实际产量损失是每公顷 2 吨,使用杀虫剂后产量损失只有每公顷 1.5 吨。因此,实际造成的损失会被低估,耐害性会被高估。

7.8.2.1 宏观方面:侵染类型

Q34. 表中字母表示侵染类型,它们反映了病原菌侵染情况,即过敏性反应程度。

表中数据表示侵染程度,通常估计叶表面被病原菌覆盖的百分比。

50R(家系 7)的数据可能是错误的。假如侵染类型是 R,应该几乎没有孢子,因此应该没有表型,也没有高侵染率。这可能是录入错误,也可能是死体营养型病原菌产生的坏死斑被误认为是过敏性反应。

7.10.4 过敏反应型抗性

Q35. 如果人工接种时一次性在每平方厘米叶片上接种许多孢子,过敏反应可能会造成大量急性病斑,可能干扰光合作用。然而在自然环境中,病原生物只有1个或数个繁殖体（如孢子）试图产生病斑，然后繁殖出大量孢子进行二次侵染，并再次繁殖。假如最初的侵染被过敏反应终止，整株作物上只有1个或几个坏死斑，不会发生二次侵染，所以，可见的伤害是可以忽略的，而作物表面也是没有斑点的。

7.10.5　部分抗性

Q36. 对于最有利用价值的品系，当然应该选择品系8。它可能有部分抗性：感病型，但侵染率低。这可能是持久抗性类型，能有效降低损失。有些学生可能会问为什么一个侵染率如此低（5%）的品种也被记为S（感病型）。因此应该记住：S仅仅表示侵染类型（甚至从一个锈菌孢子堆上也能看出来）。选择品系3的风险在于抗性可能不持久（也可以考虑选择该品系）。

7.11.3　轮回选择

Q37. 过敏反应型抗性基因会导致侵染少或无侵染（无毒基因普遍存在于病原菌群体中）。在这些遗传背景中部分抗性会被掩盖，虽然它们可能有非常低的部分抗性水平。对于一些极端感病的植株，将其保留在下轮的群体中可能会减慢部分抗性中微效基因的积累速度。

Q38. 微梯拂利亚效应假说可以预测育种项目中依赖于 R 基因筛选出的品种在 R 基因遗传背景下的部分抗性水平较低。在没有 R 基因情况下得到的品种应该用于筛选较高水平的部分抗性。因此"带有 R"的品种的抗性水平应该比"不带 R"的品种更低（当使用对 R 基因有致病力的小种进行鉴定时）。数据并不支持微梯拂利亚效应假说："带有 R"的品种的平均抗性数值（5.48）甚至略高于"不带 R"的品种（4.97）。

7.11.4　分子标记的使用

Q39. （1）首先使用单基因抗性的品种。该抗性可能会被打破，但由于该病菌是土传的，可能只会产生局部问题。流程很快：进行回交育成品种既具有现代品种的优良农艺性状，又具有原始品种的抗性。每代回交后应当进行抗性的选择。（有些学生可能认为可以"从原始品种中克隆该基因，再转化到现代品种中"，这种想法没有考虑到克隆基因的庞大工作量，且很不经济）

（2）将两品系杂交，检测 F_2 代抗性。如果没有感病植株分离出来，说明两亲本的抗性位点是连锁的，或是相同的。见 §5.4.1.4 的练习。

（3）将两品系杂交，检测 F_2 代抗性。假如 F_2 代出现超亲分离（一些植株比亲本更抗病，而另一些植株比亲本更感病），说明两亲本的抗性位点不同。见 § 5.4.2.5 的练习。（一些学生建议通过分子标记对该位点定位，但此方法耗时耗力，回答本问题也无此必要）

第（2）点是非常重要的，假如这些基因不在同一位点，这两个基因就可以被聚合在一个现代品种中（即基因聚合，见 § 7.12.2）。

7.12.4.2 混合品种

Q40. 在马铃薯等作物中无法通过常规手段构建近等基因系。马铃薯是杂合体，杂交或自交都会产生性状的大量分离。多系品种只有在能反复自交和高度纯合的作物中才可能实现。同源转化可作为选项之一：将不同的 R 基因导入一个农艺性状优良的马铃薯品种。每个"同源物"（即转化产物，来源于同一物种）带有不同的 R 基因，但背景和农艺性状是一致的。这些品系可以作为混合品种种植。

混合品种中也是不可行的，对马铃薯而言，块茎大小、颜色、煎炸质量等应当一致，混合品种会导致杂合体性状不一致。混合品种可以通过对不同的品种按行种植、分别收获的方式得到。

专业术语表

这里的专业术语是根据本书要讨论的主题，即植物与有害生物之间的相互关系而给予的定义。因为在药学、寄生虫学及其他学科中，这些术语有可能与此处有不同的定义。即使在植物与病原生物互作和抗性育种等领域的科学家之间，对如何使用这些专业术语也多少有些分歧。因此，下表中对各专业术语的定义反映了本书作者的观点，以使本教材专业术语的定义清晰、一致。

对于每个专业术语，都给出了其第一次出现的章节号"§"。在定义中出现的加粗标记的术语，表明它们在本表中另有解释。

请注意在其他专业术语表，如美国植物病理学会（http：//www.apsnet.org/education/IllustratedGlossary/）或 Agrios（2004）一书中的术语表中，对同一专业术语可能有非常不同的定义。

主动防御机制 active mechanisms of defenses	植物的一种防卫机制，当受到有害生物试图侵染时发生作用。§5.2
侵袭力 aggressiveness	有害生物的某个株系对某个寄主或基因型比其他的株系具有更高的侵入能力。§5.4.2.4
抗生性 antibiosis	昆虫学家使用的一个与抗性同义的词。§3.2
拒生性 antixenosis	昆虫学家使用的一个与避害同义的词，植物阻止植食性昆虫在植物上取食和产卵的特性。§3.1
无毒性 avirulence	由于一个或多个主效（过敏反应型）植物抗性基因的作用，病原生物不能侵入寄主植物的特性。这个术语一般在基因对基因互作关系的假设中使用。§5.4.1.2 avirulent 指无毒性的 §5.4.1.3
避害性 avoidance	植物通常通过其特有的表面特征、形态（如刺、棘突）或气味等特性减少其与潜在有害生物密切接触的一种能力。§3.1
基础抗性 basal resistance	植物对不合适微生物入侵者的抵御作用。第四章

基本亲和性 basic-compatibility	一种有害生物适应了一个植物物种，并把它作为自己寄主植物时的寄生关系。第四章
活体营养（型） biotroph（ic）	从活体寄主组织中获取营养的病原生物。是植物病理学家最常用的一个术语。§3.1，§2.2 及§6.5
生物型 biotype	与生理小种同义，但主要在植食性昆虫、线虫和寄生性高等植物上使用。§5.4.1.2
咬食伤害 bitting damage	由动物口器在植物咬食时造成的伤害。第二章
抗性丧失 breaking down of resistance	由于有害生物种群内的变化导致植物对抗有害生物抗性下降的现象，也称抗性退化。§5.4.1.8
广谱抗性 broad resistance	通过某种识别机制产生的、可以有效抵御多种潜在有害生物的抗性。§5.2
协同进化 co-evolution	由于有害生物与寄主植物物种之间的相互选择，导致两者遗传特性变化的过程（参阅进化）。第四章
复合小种 complex race	有广谱毒性的小种。§5.4.1.2
损失 damage	由逆境因素导致的作物物理特性的改变或经济产量的下降。§2.1
鉴别系统 differential set of cultivars	能鉴别或者区分有害生物小种的一套寄主品系或品种。§5.4.1.7
鉴别性相互作用 differential interaction	植物的两个基因型的感病程度可以由一病原生物的不同基因型的株系接种而区分的现象。有清晰的品种——小种间的相互作用。§5.4.1.3
病害 disease	由于一种生物胁迫因子或一组胁迫因子共同引起的植物或植物的主要部分生理失衡，产生病征。§2.1 由非生物胁迫因子，如有毒物质或营养缺陷引起生物的生理失衡也使用本术语。
持久抗性 durable resistance	在适合于有害生物的环境中大规模使用很长时间后，抗性仍能保持有效的一种抗性。§5.4.1.8

早熟性 earliness	在相对短的时间内，植物从幼苗期发育到开花期或发育到可获得收获产品的一种特性。§7.9.1
效应分子 effector	病原生物分泌的、能操控寄主细胞功能的蛋白。当侵入时的病原生物效应分子被植物感受时，可以作为一个无毒因子引起过敏性反应。第四章，§5.4.1.3
抗性退化 erosion	见抗性丧失。§5.4.1.8
逃避侵染 escape infection	使有害生物不能到达植物上，所以没有有效的咬食伤害，是植物免受侵染的特性。§3.1，§6.2，§6.3及§7.3.1
进化 evolution	是适应的同义词，导致物种适合度提高的群体内遗传特性变化的过程。存在单方面的选择压（参阅协同进化）。第二章
田间抗性 field resistance	只有在田间才可观察到的一种抗性。§5.4.2
食料植物 food plant	可以被动物开拓用作营养源的植物种（或属等其他分类单元）（与寄主植物进行比较）。第二章
专化型 forma specialis	有害生物种内，根据其寄主范围的不同而区分的单元。§5.3.4
基因对基因关系 gene-for-gene relationship	1. 植物的每个抗性基因，只有在侵入的有害生物携带相应无毒性基因时，才能有表型表达的一种寄主-病原生物或寄主-寄生物的关系。§5.4.1.3 2. 当有害生物中由单个基因产生的毒素与植物中单个基因编码的受体相遇时，才能发生侵染过程的一种寄主-病原生物或寄主-寄生物的关系。在死体营养型病原生物与寄主的相互关系中发现的这种基因对基因关系。§6.6
一般性防御 general defence	植物物种抵御大部分潜在有害生物、保护自身的一种机制。第四章
广谱有害生物 generalists	有很宽寄主范围的有害生物。§5.3.3

吸器 haustoria	1.（致病）真菌在活体植物细胞中形成的器官，用于从该细胞中吸取营养。§2.2 2. 寄生性高等植物从寄主植物中获得营养的一种特异器官。
半活体营养型 hemibiotroph（ic）	从即将要死亡的寄主组织中获得营养的生物。§2.2及§6.5
食草动物 herbivore	见植食性，生态学家常常使用这个术语。第二章
水平抗性 horizontal resistance	vanderplank（1963）提出的一个术语，与小种非专一性抗性是同义词。§5.4.2.4
寄主（植物）host（plant）	对一种有害生物敏感的植物物种（或其他分类单元），既可以作为其营养来源，又可以作为其生活场所。第二章
寄主（植物）范围 host（plant）range	一种有害生物可利用作为营养源的一系列植物物种的总称。§5.3.3
过敏反应 hypersensitivity	植物通过侵染点的细胞发生程序性细胞死亡（凋亡）、保护自身免受病原生物或寄生物伤害的能力。§5.3.6及§5.4.1.1
免疫 immune	暴露于病原生物后，没有任何宏观可见的侵染症状。§5.4.1.1
发病率 incidence	以受侵染的个体或表现症状个体的百分率表示的寄主物种群体被侵染的程度。§6.10及§7.8.1.1
潜育 incubation	1. 有害生物从侵染开始到可见症状或病征产生的过程。§7.4.2 2. 接种之后，给植物提供一定的环境条件，促进有害生物侵染植物。§7.7
诱导抗性 induced resistance	同义词：传染免疫，指有害生物、共生物或附生物或根际生物等引起植物体内的变化，使植物对后至的有害生物的敏感性降低的一种现象。§5.2

侵染 infections	病原生物用植物作为营养源，通常导致有害生物产生繁殖体。§2.1
侵染频率 infection frequency	1. 单位叶面积或单个植株（部位）上成功侵染的病原生物的个体数。 2. 能发育成繁殖个体（如产孢的病斑）的孢子或侵染单位的百分率。§5.4.2.2
侵染过程 infection process	有害生物在植物中的生长发育过程。§2.2
侵染类型 infection type	植物对于病原生物的侵染（企图）的反应的特性，根据一个统一的标准，用数字或字母来表示。本术语与"反应型"是同义词。§5.4.2.1及§7.8.2.1
侵扰 infestation	1. 生活在植物上的有害生物，利用其作为营养源（参阅侵染）。§2.1 2. 土壤中出现接种体（如线虫的卵、列当的种子）。
接种 inoculate	将病原生物或者寄生物的孢子或繁殖体施放到植物上或植物体内，以产生侵染。§7.5
接种体 inoculum	施放到植物上的病原生物或寄生物的孢子或繁殖体，它们可以产生侵染。§7.5
小区干扰 interplot interference	在一个设置较小小区的试验田中，具有数量性状抗性植物受到的侵染更严重，而敏感型植物受到的侵染比种植于隔离区田块中的植株要轻的一种现象。§7.9.2
分离物、菌株、株系 isolates	活体保存或隔离保存在植物上或营养培养基上的病原生物或寄生物样品。§5.4.1.2
潜伏期 iatency period	从接种开始到具有传染能力的时间周期（如病原生物形成发病孢子）。§5.4.2.2
拟态 mimicry	某种生物通过形态相似于别种生物而保护自己免受有害生物侵害的现象。§3.1

单循环的 monocyclic	1.（有害生物）在单个生长季节仅完成一次有性或无性繁殖世代。§6.3 2. 在有害生物一个繁殖期内进行的评估试验。§5.4.2.2 及 §7.3.1
单食性的 monophagous	只能危害一种植物物种的植食性生物物种。§5.3.3
有害生物 natural enemy	需要活体的绿色植物作为营养来源的生物，对植物是有害的。因此这些生物可能成为危害作物的生物胁迫因子。第二章
死体营养（型）necrotroph (ic)	先杀死寄主组织，再从死亡组织中获取营养的有害生物。§2.2 及 §6.6
非接受 non-acceptance	无论环境中是否存在其他植物，一个植食性物种拒绝（或很少接受）该种植物作为营养源的特性（参阅非偏好）。§7.10.1
非寄主 non-host	种内没有任何个体对一个有害生物的种或者变种是敏感的植物物种。§5.3
非寄主抗性 non-host-resistance	使某个植物物种成为一种潜在有害生物非寄主的综合特性。§5.3
非偏好 non-preference	假如环境中存在更有吸引力的植物，一个植食性物种拒绝（或很少接受）该种植物作为营养源的特性（参阅非接受）。§7.10.1
寡食性的 oligophagous	只危害有限植物物种的植食性生物。与寡寄主型 specialist 同义，多由昆虫学家使用。§5.3.3
偶遇性寄生物/病原生物 opportunistic parasite/pathogen	只能侵染虚弱的植物个体或者其部位、适合度较低的寄生物或病原生物。§2.2
病原生物关联分子模式 PAMP	专一性病原生物的生化成分或者肽类，通常是该生物的生活史不可或缺的，并在受体介导的感知过程中导致先天性免疫反应。第四章

PAMP 引发的免疫 PAMP-
triggered immunity

依赖模式识别受体识别病原生物关联分子模式的植物的第一道主动防御线。第四章

乳突 papilla

由于病原生物试图穿透而导致的植物细胞壁的局部沉淀。第四章及§5.2

寄生物 parasites

生活在其他生物物种（称为寄主）表面或其体内的一种生物，并从寄主中获得营养。第二章

寄生能力 parasitic ability

有害生物所具有的、有助于其侵染植物的一种特性。§5.3.2

部分抗性 partial resistance

尽管是一种感病的、非过敏型的侵染类型，但仍能降低有害生物达到流行的一种抗性。§5.4.2.1

被动防御机制
passive mechanisms of defence

在侵染过程发生之前已经存在于植物中的一种防御机制，它不是由于有害生物试图侵染而产生的。§5.2

病原生物 pathogens

利用植物作为营养来源的微生物（包括病毒与类病毒）。第二章

致病（性）的
pathogenic（ity）

能够（或者有能力）侵染其他的生物（与腐生性相反）。§5.3.2 及§5.3.3

病原生物专一性抗性
pathogen-specific resistance

仅能有效抵抗一个有害生物物种的抗性。第四章

致病过程 pathogenesis

侵染过程。§5.4.1.3

病程相关蛋白 pathogenesis-
related proteins

植物对胁迫因子，如有害生物侵染及衰老过程的反应而产生的蛋白。§5.2

致病型 pathotype

种以下的不同类型，参考小种的概念，主要用于线虫。§5.4.1.2 及§6.3

致病变种 pathovar

与专化型同义（种以下，根据致病特性划分的），主要用于描述植物病原细菌。§5.3.4

害虫 pest

通常以灾害形式出现的植食性或其他小型有害动物。§2.1

植保素 phytoalexins	植物受到有害生物或非生物胁迫因子影响时合成的、具有抗微生物活性的小分子复合物。§5.2
植食性 phytophagous	取食活体植物组织的动物。这个术语主要由昆虫学家使用。§2.1
虫灾 plague	植食性动物或其他小型有害动物的群体。§2.1
植物-病原生物系统 plant-pathosystem	寄主物种与有害生物物种的组合。§3.2 及§5.4.1.3
多循环的 polycyclic	1.（有害生物）在单个作物生长季完成多次有性或无性繁殖世代。§6.5 2. 在有害生物经过多个繁殖时代后进行的评估试验。§5.4.2.2及§7.3.1
多食性的 polyphagous	是广谱有害生物的同义词，但只用于描述害虫物种。§5.3.3
吸器形成后的抗性 post-haustorial resistance	植物细胞在病原生物于该细胞中形成吸器后产生的抗性反应。§5.4.1.1
吸器形成前的抗性 pre-haustorial resistance	植物细胞在病原生物于该细胞中形成吸器前产生的抗性反应。§5.4.2.3
传染免疫 premunition	是诱导抗性的同义词。常由病毒学家使用。§7.2.3.4
小种 race	病原生物物种内，可以根据其毒性谱（致病谱）区分的一组基因型。是致病型的同义词。§5.4.1.2
小种非专一性抗性 race-non-specific resistance	有效抵抗病原生物种内所有无毒性基因型的一种抗性。§5.4.2.4
小种专一性抗性 race-specific resistance	有效抵抗病原生物种内特异无毒性基因型的一种抗性。§5.4.1.4
恢复（能力）recover (ability to)	受到有害生物侵染或取食后，植物恢复的能力（例如再生长），可以减少伤害的发生。§3.3

残余抗性 residual resistance	当一个毒性小种侵染之前具有完全抗性的品种时表现出的数量性状（大部分是部分）抗性。§5.4.2.7
抗病性 resistance	与有害生物密切接触后，植物抑制或者阻止其生长、发育及繁殖的能力。§3.2
腐生物 saprophytes	只能从被其杀死的死亡组织中获得养分的植物或微生物。§2.2
敏感性 sensitivity	在单位数量有害生物存在时，寄主植物出现相对严重的症状或相对严重的损害的一种特性。§3.3
病征 signs	在病部出现的、可供肉眼识别的病原生物的部分。§2.1
寡寄主型 specialists	有较窄寄主范围（仅有几个植物物种）的有害生物物种。§5.3.3
孢子产量 spore production	某种病原生物每个病斑、每个子实体或每平方厘米叶片面积在单位时间内产生的孢子数量。§5.4.2.2
稳定化选择 stabilizing selection	假定病原生物种中毒性及无毒性基因出现的频率是受寄主群体中相应抗性基因频率和抗性效应（见基因对基因关系），及毒性和无毒性株系在易感寄主植物上适合度的差异两者共同决定的一种现象。§5.4.1.8
逆境因素 stress factors	能导致伤害的可以鉴别的因子。第一章
感病的 susceptible	植物不能减少有害生物生长、发育及生殖的特性。§3.2 susceptibility 为感病性。§5.4.1.3
症状 symptoms	由（多种）胁迫因子，如某种病原生物的侵染，而导致植物生长和发育与正常不同的状态。§2.1
无症携带者 symptomless carrier	虽然受到病原生物侵染且对其是敏感的，但没有表现症状的植物。§3.3

系统性 systemic 可以在整个植株体内转移的特性。§3.2

耐害性 tolerance 在单位数量寄生物/病原生物存在时，寄主植物不能限制侵染程度、而限制症状或有害影响的一种能力。§3.3

三者系统 tritrophic system 植物、昆虫及昆虫捕食者等直接或间接相互影响和依赖的三种生物。§7.13

维管束萎蔫病菌 vascular wilt 在维管组织中生活并传播、导致寄主植物出现枯萎的病原生物。§2.2及§6.7

垂直抗性 vertical resistance Vanderplank（1963）提出的一个词汇，是小种专一性抗性的同义词。§5.4.1.2

微梯拂利亚效应 vertifolia effect 假定在杂交与选择过程中，由于一个（或多个）具有完全抗性的基因掩盖了遗传背景中潜在的数量性状抗性基因，发生随机漂移而引起残余抗性基因丢失的现象。§7.11.3

毒性 virulence 1. 病原生物因为没有相应的无毒性基因，可以侵染具有一个或多个主效（过敏反应型）抗性基因的植物的能力。§5.4.1.2
2. 单位数量的病原生物对寄主植物基因型造成相对较重病征或伤害的一种能力。常由病毒学家使用。virulent 指毒性的。§5.4.1.3

毒性谱（致病谱） virulence spectrum 病原生物或者寄生物对其不具有或不表达相应无毒性等位基因的一系列抗性基因。§5.1.4.2

拉丁名中文名对照表

拉丁名	中文名
Aegilops	山羊草（属名）
Aegilops squarrosa	粗山羊草
Agrobacterium	农杆菌（属名）
Agropyron	冰草（属名）
Agropyron elongatum	长穗偃麦草
Alternaria	链格孢（属名）
Alternaria alternata	链格孢菌
Alternaria alternata f. sp. *lycopersici*	番茄链格孢菌
Arabidopsis	拟南芥（属名）
Arabidopsis thaliana	拟南芥
Asclepias	马利筋（属名）
Ascochyta rabiae	鹰嘴豆壳二孢
Ascochyta pisi	豌豆壳二孢
Bacillus thuringiensis	苏云金芽孢杆菌
Bemisia tabaci	烟草粉虱
Beta vulgaris	甜菜
Blumeria graminis	禾本科白粉病菌
Blumeria graminis f. sp. *hordei*	大麦白粉病菌
Blumeria graminis f. sp. *tritici*	小麦白粉病菌
Botrytis	葡萄孢（属名）
Botrytis cinerea	灰霉菌
Botrytis elliptica	百合灰霉病菌

Brassica oleracea var. *ramosa*	多年生羽衣甘蓝
Brassica oleracea var. *capitata*	卷心菜
Brassica napus	甘蓝型油菜
Bremia	盘梗霉（属名）
Bremia lactucae	莴苣盘梗霉
Cephyus cinctus	麦茎蜂
Ceratocystis ulmi	榆枯萎病菌
Cercospora nicotianae	烟草蛙眼病菌
Cladosporium fulvum	番茄叶霉菌
Clavibacter michiganense	密执安棒杆菌
Claviceps	麦角菌
Cochliobolus (=*Helminthosporium*) carbonum	玉米圆斑病菌
Coffea canephora	中果咖啡
Coffea arabica	小果咖啡
Colletotrichum	炭疽菌（属名）
Cucumis	黄瓜（属名）
Cuscuta	菟丝子（属名）
Dactylis glomerata	鸭茅
Diabrotica virgifera	玉米根萤叶甲
Digitalis	毛地黄（属名）
Ditylenchus dipsaci	鳞球茎茎线虫
Dysaphis plantaginea	玫瑰苹果蚜
Encarsia formosa	丽蚜小蜂
Eriosoma lanigerum	苹果绵蚜
Erwinia amylovora	梨火疫菌
Erwinia carotovor	胡萝卜欧文氏菌
Erysiphe pisi	豌豆白粉病菌
Escherichia coli	大肠杆菌

Fusarium	镰孢菌（属名）
Fusarium culmorum	黄色镰刀菌
Fusarium graminearum	禾谷镰刀菌
Fusarium oxysporum	尖孢镰刀菌
Fusarium oxysporum f. sp. *dianthi*	尖孢镰刀菌石竹专化型
Fusarium oxysporum f. sp. *lini*	尖孢镰刀菌亚麻专化型
Fusarium oxysporum f. sp. *Lycopersici*	尖孢镰刀菌番茄专化型
Fusarium oxysporum f. sp. *lycopersicon*	尖孢镰刀菌番茄专化型
Fusarium oxysporum f. sp. *pisi*	尖孢镰刀菌豌豆专化型
Fusarium oxysporum f. sp. *radicis-lycopersici*	尖孢镰刀菌番茄专化型
Fusarium solani var. *coeruleum*	茄病镰刀菌蓝色变种
Gibberella zeae	玉蜀黍赤霉菌
Globodera	线虫
Globodera pallida	马铃薯白线虫
Globodera rostochiensis	马铃薯金线虫
Haynaldia	簇毛麦（属名）
Heliconius	蝶（属名）
Heliotis virescens	烟草花蕾线虫
Helminthosporium	长蠕孢（属名）
Helminthosporium sacchari	甘蔗眼斑病菌
Helminthosporium turcicum	玉米大斑病菌
Helminthosporium victoriae	维多利亚长蠕孢菌
Hemileia vastatrix	咖啡锈菌
Heterodera schachtii	甜菜胞囊线虫
Hordeum bulbosum	球茎大麦
Hordeum chilense	智利大麦
Hordeum spontaneum	野生二稜大麦
Hordeum vulgare	大麦

Humulus lupulus	啤酒花
Lactuca	莴苣（属名）
Lactuca saligna	生菜
Lactuca sativa	莴苣
Leptosphaeria maculans	油菜茎基溃疡病菌
Lepus europaeus	欧洲野兔
Leveillula taurica	辣椒白粉病菌
Liriomyza cannabis	斑潜蝇
Lithops	生石花（属名）
Lycopodium	石松（属名）
Magnaporthe grisea	水稻稻瘟病菌（旧名）
Magnaporthe oryzae	水稻稻瘟病菌（新名）
Mayetiola destructor	小麦黑森瘿蚊
Melampsora lini	亚麻锈菌
Meloidogyne	根结线虫
Meloidogyne incognita	南方根结线虫
Mentha piperita	胡椒薄荷
Mycosphaerella	球腔菌（属名）
Mycosphaerella graminicola	小麦壳针孢叶枯病菌（新名）
Mycosphaerella musicola	香蕉叶斑病菌
Mycosphaerella tritici	小麦叶枯病菌
Nectria galligena	苹果梭疤病菌
Nectria haematococca	赤球丛赤壳菌
Nicotiana tabacum	烟草
Nilaparvata lugens	褐飞虱
Oidium neolycopersici	新番茄粉孢菌
Orobanche	列当（属名）
Orobanche cernua	弯管列当

Orobanche crenata	圆齿列当
Ostrinia nubialis	欧洲玉米螟
Passiflora	西番莲（属名）
Periconia circinata	拳须黑团孢
Peronospora farinosa	甜菜霜霉病菌
Peronospora farinosa f. sp. *spinaciae*	菠菜霜霉病菌
Peronospora tabacina	烟草霜霉病菌
Phaseolus	菜豆（属名）
Phaseolus vulgaris	菜豆
Phytophthora	疫霉菌（属名）
Phytophthora infestans	致病疫霉菌
Phytophthora sojae	大豆疫霉菌
Pieris brassicae	大菜粉蝶
Plasmodiophora brassicae	根肿菌
Plasmopara viticola	葡萄霜霉病菌
Pseudocercosporella herpotrichoides	小麦基腐病菌
Pseudomonas	假单胞菌（属名）
Pseudomonas solanacearum	青枯假单胞菌
Pseudomonas syringae	丁香假单胞菌
Pseudomonas syringae pv. *glycinea*	大豆假单胞菌
Pseudomonas syringae pv. *pisi*	豌豆假单胞菌
Pseudomonas syringae pv. *tabaci*	烟草假单胞菌
Pseudomonas syringae pv. *tomato*	番茄假单胞菌
Psylloides chrysocephala	卷心菜跳甲虫
Puccinia	柄锈菌（属名）
Puccinia anomala	大麦锈菌（旧名）
Puccinia arachidis	花生锈菌

Puccinia coronata	禾冠柄锈菌
Puccinia graminis	禾谷类锈菌
Puccinia hordei	大麦锈菌
Puccinia polysora	多堆柄锈菌
Puccinia recondita	叶锈菌
Puccinia recondita f. sp. *tritici*	小麦叶锈菌
Puccinia recondita f. sp. *secalis*	黑麦叶锈菌
Puccinia sorghi	玉米柄锈菌
Puccinia striiformis	条锈菌
Puccinia tritici	小麦锈菌
Puccinia triticina	小麦叶锈菌
Pythium	腐霉（属名）
Quelea quelea	奎利亚雀
Ralstonia	雷尔氏菌（属名）
Ralstonia solanacearum	青枯雷尔氏菌
Rhizoctonia	丝核菌（属名）
Rhizoctonia solani	纹枯病菌
Rhynchosporium secalis	麦云纹病菌
Sclerotinia sclerotiorum	油菜菌核病菌
Secale	黑麦（属名）
Secale cereale	黑麦
Septoria	壳针孢（属名）
Sorghum anthracnose	炭疽病
Solanum	茄（属名）
Solanum bertholthii	腺毛野番茄
Solanum bulbocastanum	观赏龙葵
Solanum chilense	智利番茄
Solanum corneliomuelleri	多腺番茄

Solanum demissum	马铃薯野生种
Solanum habrochaites	多毛番茄
Solanum kurtzianum	马铃薯野生种
Solanum lycopersicum	栽培番茄
Solanum melongena	茄子
Solanum multidissectum	马铃薯野生种
Solanum neorickii	秘鲁番茄
Solanum peruvianum	秘鲁番茄
Solanum pimpinellifolium	野生醋栗番茄
Solanum phureja	马铃薯二倍体栽培种
Solanum tuberosum	马铃薯
Solanum tuberosum andigena	安第斯种马铃薯
Solanum vernei	马铃薯野生种
Sphaerotheca fuliginea	黄瓜白粉病菌
Stagonospora nodorum	小麦叶斑病菌
Striga	独脚金（属名）
Striga hermonthica	黄独脚金寄生杂草
Synchytrium endobioticum	马铃薯癌肿病菌
Trialeurodes vaporariorum	温室粉虱
Trichoderma	木霉（属名）
Triticum	小麦（属名）
Triticum aestivum	普通小麦
Triticum durum	硬粒小麦
Triticum monococcum	一粒小麦
Triticum tauschii	节节麦
Triticum turgidum	圆锥小麦
Tropeolum majus	旱金莲
Ustilago	散黑粉菌（属名）

Ustilago nuda f. sp. *hordei or tritici*	小麦或大麦黑粉菌
Verticillium	轮枝菌（属名）
Verticillium albo-atrum	黄萎轮枝菌
Verticillium dahliae	棉花黄萎病菌
Xanthomonas	黄单胞菌（属名）
Xanthomonas campestris	黄单胞菌
Xanthomonas campestris pv. *malvacearum*	角斑病菌
Xanthomonas campestris pv. *oryzae*	水稻白叶枝病菌（新名）
Xanthomonas oryzae	水稻白叶枯病菌（旧名）

参 考 文 献

Acquaah G. 2007. Principles of Plant Genetics and Breeding. Oxford: Black Well Publishing Ltd. : 569.

Agrios G N. 2004. Plant Pathology. 5th ed. Holland: Elsevier Academic Press: 922.

Allefs S J H M, Florack D E A, Hoogendoorn C, et al. 1995. *Erwinia* soft rot resistance of potato cultivars transformed with a gene construct coding for antimicrobial peptide cecropin B is not altered. Am Potato, 72: 437-445.

Anzai H, Yoneyama K, Yamaguchi I. 1989. Transgenic tobacco resistant to a bacterial disease by the detoxification of a pathogenic toxin. Mol Gen Genet, 219: 492-494.

Atienza S G, Jafary H, Niks R E. 2004. Accumulation of genes for susceptibility to rust fungi for which barley is nearly a non-host results in two barley lines with extreme multiple susceptibility. Planta, 220: 71-79.

Bai Y, Pavan S, Zheng Z, et al. 2008. Naturally occurring broad-spectrum powdery mildew resistance in a central American tomato accession is caused by loss of Mlo function. Mol Plant Microbe In, 21: 30-39.

Bai Y, Van der Hulst R, Bonnema G, et al. 2005. Tomato defence to *Oidium neolycopersici*: Dominant *Ol*-genes confer isolate-dependent resistance via a different mechanism than recessive *ol-2*. Mol Plant Microbe In, 18: 354-362.

Baldauf S L. 2003. The deep roots of Eukaryotes. Science, 300: 1073-1076.

Batchvarova R, Nikolaeva V, Slavov S. 1998. Transgenic tobacco cultivars resistant to *Pseudomonas syringae* pv. *tabaci*. Theor Appl Genet, 97: 986-989.

Baum J, Bogaert T, Clinton W, et al. 2007. Control of coleopteran insect pests through RNA interference. Nat Biotechnol, 25: 1322-1326.

Beale M H, Birkett M A, Bruce T J A, et al. 2006. Aphid alarm pheromone produced by transgenic plants affects aphid and parasitoid behavior. P Natl Acad Sci USA, 103: 10509-10513.

Biezen E A, Van der H J J, Nijkamp, et al. 1996. Mutations at the Asc locus of tomato confer resistance to the fungal pathogen *Alternaria alternata* f. sp. *lycopersici*. Theor Appl Genet, 92: 898-904.

Bormann C A, Rickert A M, Ruiz R A C, et al. 2004. Tagging quantitative trait loci for maturity-corrected late blight resistance in tetraploid potato with PCR-based candidate gene markers. Mol Plant Microbe In, 17: 1126-1138.

British Mycological Society. 1948. The measurement of potato blight. Trans Brit Myc Soc, 31: 140-141.

Broglie K, Chet I, Holliday M, et al. 1991. Transgenic plants with enhanced resistance to the fungal pathogen *Rhizoctonia solani*. Science, 254: 1194-1197.

Browning J A, Simons M D, Frey K J, et al. 1969. Regional deployment for conservation of oat crown rust resistance genes. Special Report Iowa Agriculture and Home Economics Experiment Station, 64: 49-56.

Carr A J H, Catherall P L. 1964. The assessment of disease in herbage crops. Rep Welsh Plant Breed Stn, 1963: 94.

Chisholm S T, Coaker G, Day B, et al. 2006. Host-microbe interactions: shaping the evolution of the plant immune response. Cell, 124: 803-814.

Chong J, Aung T. 1996. Interaction of the crown rust resistance gene *Pc94* with several *Pc* genes. Proc 9th Europ Mediterr Cer & Powd Mild Conf. The Netherlands: 172-175.

Chunwongse J, Doganlar S, Crossman C, et al. 1997. High-resolution genetic map of the *Lv* resistance locus in tomato. Theor Appl Genet, 95: 220-223.

Cobb N A. 1892. Contributions to an economic knowledge of the Australian rusts (*Uredineae*). Agr Gaz NSW, 3: 60-68.

Cockerham G. 1955. Strains of potato virus X//Streutgers E, Beemster A B R, Noordam D, et al. Proc. 2nd Conf on Potato Virus Diseases. Veenman, Wageningen: 89-90.

Collins N C, Thordal-Christensen H, Lipka V, et al. 2003. SNARE-protein-mediated disease resistance at the plant cell wall. Nature, 425: 973-977.

Custers J H H V. 2007. Engineering disease resistance in plants. Thesis WUR. http://library. wur. nl/wda/dissertations/dis4107. pdf.

Dangl J L, Jonathan D G. 2001. Plant pathogens and integrated defence responses to infection. Nature, 411: 826-833.

De Wit P J G M. 2000. The *Cladosporium fulvum-tomato* interaction. A model system to study gene-for-gene relationships// Slusarenko A J, Fraser R S S, van Loon L C. Mechanisms of Resistance to Plant Diseases. Dordrecht: Kluwer Acad Publ: 53-75.

Dickinson M J, Jones D A, Jones J D G, et al. 1993. Close linkage between the *Cf-2/Cf-5* and Mi resistance loci in tomato. Mol Plant Microbe In, 6: 341-347.

Dixon M S, Jones D A, Keddie J S, et al. 1996. The tomato *Cf-2* disease resistance locus comprises two functional genes encoding leucine-rich-repeat proteins. Cell, 84: 451-459.

Dussourd D E. 2009. Do canal-cutting behaviours facilitate host-range expansion by insect herbivores? Biol J Linn Soc, 96: 715-731.

Dussourd D E, Eisner T. 1987. Vein-cutting behaviour: insect counterploy to the latex defense of plants. Science, 237: 898-901.

Flor H H. 1956. The complementary genetic systems in flax and flax rust. Adv Genet, 8: 29-54.

Flor H H. 1958. Mutation for virulence in *Melampsoralini*. Phytopathology, 48: 297-301.

Friesen T L, Faris J D, Solomon P S, et al. 2008. Host-specific toxins: effectors of necrotrophic pathogenicity. Cell Microbiol, 10: 1421-1428.

Fuller V L, Lilley C J, Urwin P E. 2008. Nematode resistance. New Phytol, 180: 27-44.

Giamoustaris A, Mithen R. 1995. The effect of modifying the glucosinolate content of leaves of oilseed rape (*Brassica napus* ssp. *oleifera*) on its interaction with specialist and generalist pests. Ann Appl Biol, 126: 347363.

Gilbert L E. 1982. The coevolution of a butterfly and a vine. Sci Am, 247: 102-107.

Gottula J, Fuchs M. 2009. Toward a quarter century of pathogen-derived resistance and practical approaches to plant virus disease control. Adv Virus Res, 75: 161-183.

Grant S R, Fisher E J, Chang J H, et al. 2006. Subterfuge and manipulation: type III effector proteins of phytopathogenic bacteria. Ann Rev Microbiol, 60: 425-449.

Haas B J, Kamoun S, Zody M C, et al. 2009. Genome sequence and analysis of the Irish potato famine pathogen *Phytophthora infestans*. Nature, 461: 393-398.

Hanson C H, Busbice T H, Hill Jr R R, et al. 1972. Directed mass selection for developing multiple pest resistance and conserving germplasm in alfalfa. J Environ Qual, 1: 106-111.

Hightower R, Baden C, Penzes E, et al. 1994. The expression of cecropin peptide in transgenic tobacco does not confer resistance to *Pseudomonas syringae* pv. *tabaci*. Plant Cell Rep, 13: 295-299.

Hilder V A, Boulter D. 1999. Genetic engineering of crop plants for insect resistance - a critical review. Crop Prot, 18: 177-191.

Hilder V A, Gatehouse A M R, Sheerman S E, et al. 1987. A novel mechanism of insect resistance engineered into tobacco. Nature, 330: 160-163. Jafary H, Albertazzi G, Marcel T C, et al. 2008. High diversity of genes for nonhost resistance of barley to heterologous rust fungi. Genetics, 178: 2327-2339.

Jan P S, Huang H Y, Chen H M. 2010. Expression of a synthesized gene encoding cationic peptide cecropin B in transgenic tomato plants protects against bacterial diseases. Appl Environm Microbiol, 76: 769-775.

Jaynes J M, Nagpala P, DestefanoBeltran L, et al. 1993. Expression of a cecropin B lytic peptide analog in transgenic tobacco confers enhanced resistance to bacterial wilt caused by *Pseudomonas solanacearum*. Plant Sci, 89: 4353.

Johal G S, Briggs S P. 1992. Reductase activity encoded by the *Hml* disease resistance gene in maize. Science, 258: 985-987.

Johnson R. 1984. A critical analysis of durable resistance. Annu Rev Phytopathol, 22: 309-330.

Jorgensen J H. 1988. Genetic analysis of barley mutants with modifications of powdery mildew resistance gene Ml-a12. Genome, 30: 129-132.

Kampmann H H, Hansen O B. 1994. Using colour image analysis for quantitative assessment of powdery mildew on cucumber. Euphytica, 79: 19-27.

Kang L, Li J, Zhao T, et al. 2003. Interplay of the Arabidopsis nonhost resistance gene NHO1 with bacterial virulence. P Natl Acad Sci USA, 100: 3519-3524.

Karban R, Adamchak R, Schnathorst W C. 1987. Induced resistance and interspecific competition between spider mites and a vascular wilt fungus. Science, 235: 678-680.

Kema G H J. 1996. *Mycosphaerella graminicola* on wheat. Genetic variation and histopatholo-
gy. Holland: PhD thesis Wageningen Agric. Univ. : 141.

Knott D R. 1989. The effect of transfers of alien genes for leaf rust resistance on the agronomic
and quality characteristics of wheat. Euphytica, 44: 65-72.

Kooistra E. 1968. Significance of the non-appearance of visible disease symptoms in cucumber
(*Cucumis sativus* L.) after inoculation with cucumis virus 2. Euphytica, 17: 136-140.

Krattinger S G, Lagudah E S, Spielmeyer W, et al. 2009. A putative ABC transporter confers
durable resistance to multiple fungal pathogens in wheat. Science, 323: 1360-1363.

Kushalappa A C, Eskes A B. 1989. Advances in coffee rust research. Annu Rev Phytopathol,
27: 503-531.

Lefebvre V, Daubèze A M, Rouppe van der Voort J, et al. 2003. QTLs for resistance to pow-
dery mildew in pepper under natural and artificial infections. Theor Appl Genet, 107:
661-666.

Leijerstam B. 1972. Race-specific resistance to wheat powdery mildew. Studies in powdery mil-
dew on wheat in Sweden. III. Variability of virulence in *Erysiphe graminis* f. sp. *tritici*
due to gene recombination and mutation. Meddelanden Statens Växtskyddsanstalt,
15: 273-277.

Lindhout P, Pet G, van der Beek H. 1994. Screening wild *Lycopersicon* species for resistance to
powdery mildew (*Oidium lycopersicum*). Euphytica, 72: 43-49.

Lipka U, Fuchs R, Lipka V. 2008. Arabidopsis non-host resistance to powdery mildews. Curr
Opin Plant Biol, 11: 404-411.

Liu G S, Kennedy R, Greenshields D L, et al. 2007. Detached and attached *Arabidopsis* leaf as-
says reveal distinctive defense responses against hemibiotrophic *Colletotrichum* spp. Mol
Plant Microbe In, 20: 1308-1319.

Lyngkjær M F, Jensen H P, Østergard H. 1995. A Japanese powdery mildew isolate with ex-
ceptionally large infection efficiency on *Mlo-resistant* barley. Plant Pathol, 44: 786-790.

Marcel T C, Aghnoum R, Durand J, et al. 2007. Dissection of the barley 2L1. 0 region carrying
the 'Laevigatum' quantitative resistance gene to leaf rust using near isogenic lines (NIL)
and sub-NIL. Mol Plant Microbe In, 20: 1604-1615.

Mayama S, Bordin A P A, Morikawa T, et al. 1995. Association of avenalumin accumulation
with co-segregation of victorin sensitivity and crown rust resistance in oat lines carrying the
Pc_2 gene. Physiol Mol Plant, 46: 263-274.

McDonald B A, Linde C. 2002. Pathogen population genetics, evolutionary potential, and dura-
ble resistance. Annu. Rev. Phytopathol, 40: 349-379.

Mithen R. 1992. Leaf glucosinolate profiles and their relationship to pest and disease resistance
in oilseed. Euphytica, 63: 71-83.

Murray M J, Todd W A. 1972. Registration of Todds Mitcham peppermint. Crop Sci, 12: 128.

Nagy E D, Bennetzen J L. 2008. Pathogen corruption and site-directed recombination at a plant disease resistance gene cluster. Genome Res, 18: 1918-1923.

Niks R E. 1989a. Induced accessibility and inaccessibility of barley cells in seedling leaves inoculated with two leaf rust species. J. Phytopathology, 124: 296-308.

Niks R E. 1989b. Morphology of infection structures of *Puccinia striiformis* var. *dactylidis*. Neth. J. Plant Pathol, 95: 171-175.

Niks R E, Dekens R G. 1991. Prehaustorial and posthaustorial resistance to wheat leaf rust in diploid wheat seedlings. Phytopathol, 81: 847-851.

Niks R E, Marcel T C. 2009. Nonhost and basal resistance: how to explain specificity? New Phytol, 182: 817-828.

Niks R E, Rubiales D. 2002. Potentially durable resistance mechanisms in plants to specialized fungal pathogens. Euphytica, 214: 201-216.

Nombela G, Williamson V M, Muniz M. 2003. The root-knot nematode resistance gene *Mi*-1. 2 of tomato is responsible for resistance against the whitefly *Bemisia tabaci*. Mol Plant Microbe In, 16: 645-649.

Nürnberger T, Brunner F, Kemmerling B, et al. 2004. Innate immunity in plants and animals: striking similarities and obvious differences. Immunol Rev, 198: 249-266.

Ouchi S, Oku H, Hibino C, et al. 1974. Induction of accessibility to a nonpathogen by preliminary inoculation with a pathogen. Phytopathol Z, 79: 142-154.

Palloix A, Pochard E, Phaly T, et al. 1990. Recurrent selection for resistance to *Verticillium dahliae* in pepper. Euphytica, 47: 79-89.

Parlevliet J E. 1978. Race-specific aspects of polygenic resistance of barley to leaf rust, *Puccinia hordei*. Neth J Plant Pathol, 84: 121-126.

Parlevliet J E, van Ommeren A. 1984. Interplot interference and the assessment of barley cultivars for partial resistance to leaf rust, *Puccinia hordei*. Euphytica, 33: 685-697.

Parlevliet J E, van Ommeren A. 1988a. Accumulation of partial resistance in barley to barley leaf rust and powdery mildew through recurrent selection against susceptibility. Euphytica, 37: 261-274.

Parlevliet J E, van Ommeren A. 1988b. Recurrent selection for grain yield in early generations of two barley populations. Euphytica, 38: 175-184.

Parlevliet J E, Zadoks J C. 1977. The integrated concept of disease resistance: a new view including horizontal and vertical resistance in plants. Euphytica, 26: 5-21.

Parniske M, Wulff B B H, Bonnema G, et al. 1999. Homologues of the *Cf*-9 disease resistance gene (*Hcr*9s) are present at multiple loci on the short arm of chromosome 1. Mol Plant Microbe In, 12: 93-102.

Price K, Colhoun J. 1975. Pathogenicity of isolates of *Sclerotinia sclerotiorum* (Lib.) de Bary to several hosts. Phytopathol. Z. , 83: 232-238.

Punja Z K, Raharjo S H T. 1996. Response of transgenic cucumber and carrot plants expressing different chitinase enzymes to inoculation with fungal pathogens. Plant Dis, 80: 999-1005.

Qi X, Niks R E, Stam P, et al. 1998. Identification of QTLs for partial resistance to leaf rust (*Puccinia hordei*) in barley. Theor Appl Genet, 96: 1205-1215.

Revilla-Molina I M, Bastiaans L, Van Keulen H, et al. 2009. Does resource complementarity or prevention of lodging contribute to the increased productivity of rice varietal mixtures in Yunnan, China? Field Crop Res, 111: 303-307.

Roumen E C. 1992. Effect of leaf age on components of partial resistance in rice to leaf blast. Euphytica, 63: 271-279.

Rubiales D, Niks R E. 1996. Avoidance of rust infection by some genotypes of *Hordeum chilense* due to their relative inability to induce the formation of appressoria. Physiol Mol Plant P, 49: 89-101.

Schwarzbach E. 1979. Response to selection for virulence against the *mlo* gene based mildew resistance in barley, not fitting the gene-for-gene hypothesis. Barley Genet Newsl, 9: 85-88.

Schwarzbach E. 1998. The *mlo* based resistance of barley to mildew and the response of mildew populations to the use of varieties with the *mlo* gene. Czech J Genet Plant, 34: 3-10

Seah S, Yaghoobi J, Rossi M M, et al. 2004. The nematode resistance gene *Mi-1*, is associated with an inverted chromosomal segment compared to resistant tomato. Theor Appl Genet, 108: 1635-1642.

Sela-Buurlage M B, Budai-Hadrian O, Pan Q, et al. 2001. Genome-wide dissection of *Fusarium* resistance in tomato reveals multiple complex loci. Mol Genet Genomics, 265: 1104-1111.

Sen S, Harinder P S M, Becker K. 1998. Alfalfa saponins and their implication in animal nutrition. J Agr Food Chem, 46: 131-140.

Shintaku M H, Kluepfel D A, Yacoub A, et al. 1989. Cloning and partial characterization of an avirulence determinant from race 1 of *Pseudomonas syringae* pv. *phaseolicola*. Physiol Mol Plant P, 35: 313-322.

Sowley E N K, Dewey F M, Shaw M, W. 2010. Persistent, symptomless, systemic, and seed-borne infection of lettuce by *Botrytis cinerea*. Eur J Plant Pathol, 126: 61-71.

Spanu P D, Abbott J C, Amselem J, et al. 2010. Genome expansion and gene loss in powdery mildew fungi reveal tradeoffs in extreme parasitism. Science, 330: 1543-1546.

Spassieva S D, Markham J E, Hille J. 2002. The plant disease resistance gene *Asc*-1 prevents disruption of sphingolipid metabolism during ALL-toxin-induced programmed cell death. Plant J, 32: 561-572.

Staskawicz B J, Dahlbeck D, Keen N T. 1984. Cloned avirulence gene of *Pseudomonas syringae* pv. *glycinea* determines race-specific incompatibility on *Glycine max* (L.) Merr. P Natl Acad Sci USA, 81: 6024-6028.

Sukno S A, McCuiston J, Wong M Y, et al. 2007. Quantitative detection of double-stranded RNA-mediated gene silencing of parasitism genes in *Heterodera glycines*. J Nematol, 39:

145-152.

Sun Q, Collins N C, Ayliffe M, Smith S M, et al. 2001. Recombination between paralogues at the *rp*1 rust resistance locus in maize. Genetics, 158: 423-438.

Swertz C A. 1994. Morphology of germlings of urediniospores and its value for the identification and classification of grass rust fungi. Stud Mycol, 36: 152.

Sylwia G, Leszczynski B, Oleszek W. 2006. Effect of low and high-saponin lines of alfalfa on pea aphid. J Insect Physiol, 52: 737-743.

Takken F L W, Albrecht M, Tameling W I L. 2006. Resistance proteins: molecular switches of plant defence. Curr Opin Plant Biol, 9: 383-390.

Tapsoba H, Wilson J P, Hanna W W. 1997. Improvement of resistance to rust through recurrent selection in pearl millet. Crop Sci, 37: 365-369.

Vaeck M, Reynaerts A, Hofte H, et al. 1987. Transgenic plants protected from insect attack. Nature, 328: 33-37.

Van der Biezen E A, Glagotskaya T, Overduin B, et al. 1995. Inheritance and genetic mapping of resistance to *Alternaria alternata* f. sp. *lycopersici* in *Lycopersicon pennellii*. Mol Gen Genet, 247: 453-461.

Van der Hoorn R A, De Wit P J, Joosten P J. 2002. Balancing selection favors guarding resistance proteins. Trends Plant Sci, 7: 67-71.

Van der Hoorn R A L, Kamoun S. 2008. From guard to decoy: a new model for perception of plant pathogen effectors. Plant Cell, 20: 2009-2017.

Van der Linden C G, Wouters D C A E, Mihalka V, et al. 2004. Efficient targeting of plant disease resistance loci using NBS profiling. Theor Appl Genet, 109: 384-393.

Van der Plank J E. 1963. Plant Diseases: Epidemics and Control. New York and London: Acad Press: 349.

Van de Weg W E. 1988. Screening for resistance to Nectria *galligena* Bres. in cut shoots of apple. Euphytica, 43: 233-240.

Van de Weg W E, Giezen S, Jansen R C. 1988. Influence of temperature on infection of seven apple cultivars by *Nectria galligena*. Acta Phytopathol Hun, 27: 631-635.

van Kan J A L. 2006. Licensed to kill: the lifestyle of a necrotrophic plant pathogen. Trends Plant Sci, 11: 247-253.

Vaz Patto M C, Niks R E. 2001. Leaf wax layer may prevent appressorium differentiation but does not influence orientation of the leaf rust fungus *Puccinia hordei* on *Hordeum chilense leaves*. Eur J Plant Pathol, 107: 795-803.

Waalwijk C, van der Heide R, de Vries P M, et al. 2004. Quantitative detection of *Fusarium* species in wheat using TaqMan. Eur J Plant Pathol, 110: 481-494.

Warren G S, Hill S J L. 1989. Infection of suspension-cultured cells of carrot with tobacco mosaic virus. Physiol Mol Plant P, 35: 287-292.

Zhang Y J, Fan P S, Zhang X, et al. 2009. Quantification of *Fusarium graminearum* in harvested grain by real-time polymerase chain reaction to assess efficacies of fungicides on fusarium head blight, deoxynivalenol contamination, and yield of winter wheat. Phytopathology, 99: 95-100.

Zhou J M, Chai J. 2008. Plant pathogen bacterial type III effectors subdue host responses. Curr Opin Microbiol, 11: 179-185.

Zhu Y Y, Chen H R, Fan J H, et al. 2000. Genetic diversity and disease control in rice. Nature, 406: 718-722.

原书作者介绍

Rients Niks（1953）荷兰瓦赫宁根大学（Wageningen University）植物育种系助理教授。1976 年毕业于瓦赫宁根大学植物育种专业，在 Jan Parlevliet 指导下进行大麦-大麦叶锈病部分抗性方面的研究，并获得硕士（1978）和博士（1983）学位。1981 年曾在国际干旱地区农业改良中心（ICARDA，叙利亚）进行两年的博士后研究，从事硬粒小麦改良项目的研究。1983 年 Jan Parlevliet 受聘为瓦赫宁根大学植物育种研究室全职教授后，Rients 接替了 Jan 的工作，继续进行大麦部分抗性（数量性状抗性）的研究，他同时进一步开设了抗病育种课程，在荷兰、西班牙、南美、南非、肯尼亚、伊朗、泰国和中国等地多次讲授植物育种课程。已发表 100 余篇有关持久抗性机制以及相关研究论文和书籍章节。

Jan Parlevliet（1932）荷兰瓦赫宁根大学植物育种系退休教授。1960 年毕业于瓦赫宁根大学植物育种专业。然后他在联合利华（Unilever）从事菠菜生理方面研究，并获得博士学位（1967）。1967～1971 年作为育种家在肯尼亚莫罗皮瑞松/除虫菊试验站（Pyrethrum Experiment Station）工作，期间育成多个优良株系和品种，并成功推广用于生产天然杀虫剂。

1971 年，Jan 进入瓦赫宁根大学植物育种系工作，从事持久抗性的研究和抗性育种人才的培养，主要研究大麦-大麦叶锈病互作体系，该体系中持久抗性基因与非持久主效抗性基因同时存在。与此同时，Jan 开始进行多个寄主-病原生物互作体系研究，包括小麦、水稻、玉米、豆类、土豆、花生等寄主及真菌、卵菌、细菌、病毒及线虫等病原生物，持久抗性一直是他的主要研究方向。

1995 年 Jan 退休，但仍然参与安第斯地区（Andean Region）的植物育种项目研究，该项目旨在加强当地多种作物持久抗病性的研究。共发表 130 多篇研究论文和书籍章节。

Pim Lindhout（1953）毕业于荷兰莱顿大学（Leiden University）生物化学专业。1985 年，以《苜蓿烟草病毒 RNA1 的翻译》为论文题目获得博士学位。他就职于瓦赫宁根大学园艺植物育种中心（Institute for Horticultural Plant Breeding，荷兰语：IVT）进行番茄育种研究，逐渐成为一个真正的"番茄学家"。由他发起并组织了多个跨学科科研项目，以揭示不同园艺作物，尤其是番茄的重要农艺性状的遗传机制。

1994 年，Pim 自 1985 年受聘为瓦赫宁根大学植物育种助理教授，主要从事数量性状的鉴定和定位及植物育种新技术的开发应用。他负责协调全国植物基因组计划（CBSG）中番茄基因组学研究。已发表 100 余篇论文。

2006 年 Pim 成为蔬菜育种公司德瑞特种子公司（DeRuiter Seeds）研发部门负责人，这引起了孟山都（Monsanto）公司的注意，为了增强蔬菜方面的实力，2008 年孟山都公司并购了德瑞特种子公司。不久 Pim 成为孟山都公司蔬菜育种部的负责人，2010 年离职。目前他在一家植物育种新技术开发公司中担任经理。

Yuling Bai（1964）瓦赫宁根大学植物育种系助理教授。1988 年毕业于中国河南农业大学植物遗传育种专业并获得第一个硕士学位，1995 年受聘为该校副教授。1997 年来到荷兰瓦赫宁根大学学习生物技术并获得第二个硕士学位（2000），2004 年获得博士学位，博士和博士后阶段工作是番茄对番茄白粉病抗性的遗传及抗性机制的研究。2007 年受聘为瓦赫宁根大学植物育种系助理教授，并建立"茄科抗性育种研究组"，担任组长，她的研究集中在茄科植物（包括土豆、番茄和辣椒）对不同病原生物的抗病遗传和分子机制。研究目标是将科学研究结果应用于育种实践：通过发展育种新策略和开发新技术来提高育种效率。此外，她还承担了瓦赫宁根大学以及中国和西班牙等国家几个大学的植物遗传育种相关课程的教学工作。